なごや環境夜話

これならできるを見つけよう

マイナス10%
チームマイナス10% 編著
松原武久＋萩原喜之＋飯尾歩

ゆいぽおと

なごや環境夜話

「これならできる」を見つけよう

チームマイナス10％＝松原武久＋萩原喜之＋飯尾歩

はじめに

ひょうたんから駒というか、とっくりから本というべきか――。

発端は、松原武久前名古屋市長の前著『なごや環境首都宣言』（ゆいぽおと刊）です。巻末の座談会で話し合った三人が、その場の勢いで「チームマイナス10％」を結成することになりました。二〇〇六年四月、葉桜のころでした。

もちろん、政府が提唱する地球温暖化防止の国民運動「チームマイナス６％」のパロディーですが、国の目標を必ず上回ってやるという、反骨精神の表れでもありました。

「環境首都」については、本文中でさまざまに語られます。もちろん、チームがめざしたもの、今もめざし続けているものは、温暖化対策の数値目標達成だけではありません。ひと言でいえば、街づくり、名古屋というまちを、そこに住む市民の手でいかに住みよく、快適にしていくか。環境首都づくりとは、煎じ詰めれば、自分にも隣近所にも、快適で住みよい街に育てていくことです。

環境首都をめざすには、何よりも人と人、夢と夢、志と志がつながることだと、わがチームは考えました。それにはまず、チームのつながりをより強固なものにしなければなりません。

酒を酌み交わしつつ、「環境」だけでなく、行政や人生、経済、文化、芸能に至るまで、時の過ぎゆくままに論じ合う時間を設けようということになりました。

場所は、名古屋市中村区の日本料理屋「志喜」。松原さんが、前々著『一周おくれのトップランナー』（KTC中央出版刊）で名付けた「環境三人衆」の一人、地元大門商店街の名を「エコ商店街」として全国に知らしめた山本幸太郎さんの奥様が切り盛りされるお店です。

板の間に炉が切ってあり、炭火を囲んで盃を交わし、清談するにはまさに最適の「環境」です。

だれからともなく、われわれ三人だけでは広がりにもつながりにも欠けるから、毎回だれか環境首都をともに語り合える「ゲスト」を招いてはどうかという話になりました。

そして、日本ガイシの柴田昌治会長をお招きして、初会合が開かれました。その年の年の瀬、ジングルベルが聞こえ始めたころでした。宴もたけなわ、この炉端談義は記録して世に問うべきだと、やはりだれからともなく言い出しました。そこで、次回の会合に、松原さんの二冊の著書を編集した「ゆいぽおと」の山本直子さんにご足労願うことになりました。

集まりは二年間にわたって八回を数え、九人のゲストをお招きすることができました。「志喜」以外では、日本野鳥の会会長で俳優の柳生博さんが営む「八ヶ岳倶楽部」にも出かけていきました。

一回につき二時間から最長で約四時間、八ヶ岳では丸一日、議論というか、炉端談義に費やしました。現職の名古屋市長の激務を思えば、よく続いたものだと、今さらながら驚きです。

決していける口ではない萩原さんにとっては、苦行の日々だったかもしれません。

今、頭の中でビデオテープを巻き戻しながら思うのは、「人間ってやっぱりすばらしい」ということです。

温暖化はあるとかないとか、ペットボトルはリサイクルしろとか、するなとか、そんな不毛の議論はもうどうでもよくなります。人間が好き、人生が好きだから、今できることを今したい、今できることを考えたい——。ゲストのみなさんの言葉の奥底からにじみ出る、人間や生命への愛情をわずかでもお伝えできれば幸いです。そして、読んでいただいたみなさんとも緩やかに、つながることができればと。

さて、本番の幕を開けましょう。舞台は「今日まで」、三人の出会いの場になったごみ非常事態宣言の十年を振り返ることから始まります。その中にももちろん、「環境首都」、すなわち、安全で快適な、よりよい暮らしの現場を築くため、「明日から」私に何ができるかの、ヒントが潜んでいるはずです。

二〇〇九年七月二十二日

四十六年ぶりの皆既日食は雲の中

チームマイナス10%　飯尾　歩

なごや環境夜話

「これならできる」を見つけよう

もくじ

＊文中敬称略

イラストレーション　茶畑和也
装丁　墨　昌宏（エピスワード）

ちょっと長めのプロローグ　「今日まで、そして明日から」

「動員は必要ない」

名古屋市ごみ減量対策室長の竹内道夫は、最初から決めていた。

二〇〇九年二月、中区の鯱城ホールで開いた「『ごみ非常事態宣言』10周年記念シンポジウム」のことである。

一九九九年二月十八日の「名古屋市ごみ非常事態宣言」は、名古屋の環境行政のかたちを変えた。ごみ問題で非常事態宣言を名乗るだけなら、二十年前の広島市などに前例があった。だが、それは、行政が市民に対して「発令」するものだった。処分場がいっぱいですよ、これから施策として分別を強化しますよ、みなさん、分別に協力しなさいよ――。「協働」という感覚が欠けていたというよりも、まだ一般的ではないころだった。

名古屋の場合は、大きく違う。

ごみ非常事態宣言の前提になったのは、渡り鳥の飛来地として知られる藤前干潟にごみ処分場を造る計画の断念だった。「名古屋市民」がそれを支持したからだ。処分場を造れない、埋め立てられない、燃やせないなら、ごみを減らす、つまり減量するしかない。ごみを減らすのは行政ではなく市民である。市役所だけでは減らせないから、市民と一緒にやるしかない。

家庭から持ち出され、パッカー車がどこかへ運び去るごみも、結局消えてなくなるわけではない。藤前干潟は、それまで市民が見ようとしなかった「ごみの行方」を映し出す、魔法の鏡だったのだ。相手が見えれば、多くの人は動き出す。行動を開始する。名古屋市のごみ非常事態宣言は、「協働」という言葉を胚胎した呼びかけだった。はじめから「市民参加」を必要としていたのである。

ごみの始末という、大切だが、それまで市民にはあまり顧みられなかった仕事が、にわかにスポットを浴びた。ごみが市民との接点だった。職員の士気も高まった。

そんななか、市民力結集の、いわば『ゴング』として名古屋市が企画したのが、その年九月の「ごみ減量市民大集会」だった。

大転換の始まりを告げる『ゴング』である。生半可なイベントでは、市民の心は動かせない。大動員も避けられない。

場所は熱田区の名古屋国際会議場、しかも吉田拓郎や中島みゆきなど著名なアーティストがコンサートを開く白鳥センチュリーホールである。共催団体として、名古屋市地域女性団体連絡協議会、名古屋市こども会連合会、名古屋市保健委員会、名古屋青年会議所、名古屋市老人クラブ連合会、日本ボーイスカウト愛知連盟……と、およそ思いつく限りの名前が並んでいた。タレントも用意した。「お宝鑑定」で有名になった横浜ブリキのおもちゃ博物館長の北原照久の記念講演などもあった。しかし、念入りな動員計画のなかで、歌手の工藤静香がデザインしたオリジナルエコバッグがとりわけ大ヒットした。

レジ袋の削減がまだ今ほど進んでおらず、エコバッグという言葉も一般的でないころで「お買い物袋」と呼んでいた。

今では「キムタクの妻」として知られる工藤だが、当時は歌手としての人気も絶頂期で、二科展に油絵で九回連続入選を果たした「画家」としての知名度も高かった。

その工藤に、熱烈なファンだったスタッフの一人が目をつけた。

一枚につきペットボトル一・五本分の再生繊維を使い、紫色のハートの中に「Ｌｏｖｅ」の四文字をあしらったトートバッグは予想以上に好評だった。

工藤はデザインに際して、バッグを使う人たちに次のようなメッセージを寄せている。

「いちばん気を付けたのは、『環境問題をもっと身近に感じてもらいたい』ということ。環境問題と聞くだけで、つい身構えてしまい、頭ではわかっていてもなかなか行動には移せないのが現状です。でも実は、地球のことを考えたり、地球のために行動したりというのは、私たちの地球に対する愛情の深さだと思うんです」

慧眼だった。

工藤からのメッセージを知ってか知らずにか、市民大集会の入場時、二百円以上の寄付と引き替えにそのレアな「お買い物袋」がもらえるというアイデアが奏功し、入場整理券の申し込みは一般からも殺到した。

三千人収容のセンチュリーホールが満員になったあとも、隣のホールの展示スペースにまで延々と行列が連なった。結局、会場に入りきれない大勢の市民が、モニターテレビで中の様子を見守った。

市長として、市民一人当たり100グラムずつごみを減量する「チャレンジ100」を提唱した松原武久は、「チャレンジ100と地域ネットワーク」というセッションで、中部リサイクル運動市民の会の代表だった萩原喜之、中日新聞生活部の記者だった飯尾歩、そして中村区新大門商店街を「エコ商店街」として有名にした山本幸太郎と、名古屋のごみ問題を熱く論じた。

松原はかつての敏腕教師に戻ったかのように、その年の四月以降、前年度比ふたけた台の割合でごみが減り続けている現状をわかりやすく説明しながら、「二年間で二十万トンの減量をぜひ達成したい」と力を込めた。

動員された人もそうでない人も、新しい何かが始まる予感に、少し気持ちを引き締めた。

あれから十年――。

係長から室長になった竹内は、ごみ問題に対する市民、行政双方の変化を強く感じていた。「ごみ減量は、この十年で名古屋の市民文化になったから、来るべき人はちゃんと会場に来てくれる。だから動員は必要ない」と考えた。

人寄せのタレントや有名人は呼んでいない。基調講演もない。おみやげも用意していない。型破りというよりは、ごく当たり前の十周年記念イベントになると、スタッフは信じていた。

隠しテーマは「今日まで、そして明日から」。過去を振り返ることも必要だし、大切だが、それ以上に明日に向けて市民と行政、市民と市民の「つながり」をより強くするような「場」にしたかった。

松原、萩原、飯尾の三人は、会場で配られたごみ非常事態宣言10年誌「なごやの熱い日々」の中に、それぞれ一文を寄せている。

松原は、こう書いた。

「協働が『市政を推進するエンジン』となってさまざまな課題を解決していくというスタイルは、名古屋が全国に誇れる財産です。今後は、思いを新たにして『ごみ非常事態宣言の克服』という第一ステップから『ごみも資源も、元から減らす』第二ステップへと、足を踏み出さなければなりません」

萩原は、こう受けた。

「ごみ非常事態宣言の前は100万トンあったごみ。これを平成32年度に46%削減、埋め立て量をゼロに近づける。これが私たち名古屋市民の新たな目標です」

そして、飯尾は「未来の記」と名づけた編集後記を、このように締めくくった。

「これは、過去の記憶ではありません。「未来」のための記録です。残された足跡は新たな地平を目指し、物語は未完です」

シンポジウムでは、基調講演に代えてリレートークに時間を割いた。ごみ非常事態宣言に参画した当事者から、それを引き継ぐ新しい世代まで、ごみ非常事態宣言という「危機」をバネにして、その克服から日本の「環境首都」をめざす名古屋の過去と未来を八人のトークでつなぐ試みだった。司会は十年前の大集会と同じ、中部日本放送（CBC）アナウンサーの小堀勝啓が買って出た。発言の要旨を紹介しよう。

●第一走者　辻淳夫（NPO法人藤前干潟を守る会理事長）

鳥の観察を始めた一九七〇年ごろから名古屋港付近の干潟がどんどん減って、残ったのは藤前干潟だけでした。干潟を守る運動の過程で「自分のごみで干潟を埋めるのはいや」という声をたくさんいただいたのがうれしかった。（森から流れ出た川が海と出会う）干潟は私たちの食べ物にもつながる循環の輪の中に位置していて、干潟を守るということは鳥も人間も生き残るための選択です。これからも藤前を見つめながら、ごみ減量に取り組んでいきたい。

●第二走者　加藤玲子（名古屋市地域女性団体連絡協議会会長）

合成洗剤の影響で、琵琶湖に赤潮が発生したころから環境問題に興味を持ち、勉強会を開いていました。そのなかから主婦の視点を生かした六か条の「ごみ問題への取り組み宣言文を作ってごみ問題にかかわってきました。不要品バザーを開いて不要品の活用を図ったり、古い布を使ってリサイクルバッグを作ったり、これからも、地域の「世話焼きおばさん」としてがんばります。

●第三走者　鈴木鉄雄（名古屋リサイクル協同組合顧問）

集まった資源を選別する事業を組合で引き受けたのですが、開始当初の分別は確かにひどいものでした。そして、驚くほど量が多かった。当時は、たとえば紙なら何でもリサイクルできると勘違いしていた人も多く、使用済みの紙おむつやタバコの吸い殻なども頻繁に出てきたものでした。それが今、分別の精度は格段に高くなり、紙製容器の回収率は六、七割と、名古屋は全国トップレベルになっています。

●第四走者　藤野賢吉（名古屋市保健委員会会長）

非常事態宣言が出たあと、分別を地域に正しく普及させるため、行政の担当者も招いて毎日のように勉強会を開きました。収集カレンダーや「ごみの達人心得帳」という分別マニュアルも作成しました。それでも、地域の保健委員さんが出されたごみを家へ持ち帰って分別をやり直すということも頻繁にありました。それが今では、名古屋市が全国に先駆けて実施したレジ袋の有料化に、うちの緑区はいち早く取り組んだのですが、反発どころか、レジ袋の辞退率が九割に上ったのには驚きました。十年前にまいた種が、今芽吹いているようで。

●第五走者　佐藤智子（元平和が丘学区りさいくる推進委員会委員長）

名古屋市の家庭ごみの排出量が年間百万トンを超えた年、中部リサイクル運動市民の会の萩原さんの呼びかけを受けて、リサイクルステーションをやってみました。市民が自主的に行った最初の例だったそうです。はじめから多くの人に支えられ、参加者は次第に増えていきました。平和が丘学区には以前から住民が協力し合って暮らす地域性がありました。資源を分けるかごを配布するのには消防団にもご協力いただくなどして、実現できたのだと思っています。

名古屋市東部の比較的新しい住宅地、平和が丘の住民が、資源ごみを回収するリサイクルステーションの自主運営を始めたのは、非常事態宣言に先立つ九七年九月のことだった。住民が自らの発意と労力で地域から出るごみの減量に乗り出した、まさに「静かな革命」だった。

佐藤は当時、学区の保健委員長だった。今では不思議に思えるかも知れないが、当時名古屋市内では、十六区中七区でしか資源回収をしておらず、全区に行き渡るのは二〇〇一年の予定とされていた。つまり、リサイクル可能なごみも焼却、埋め立てされていた。

「それまで待てない。よその街ならちゃんとリサイクルできるごみ。もう燃やしてほしくない」と佐藤は考えた。そして、二人の保健委員長と一緒に名東区の環境事業所に乗り込んだ。

しかし、「まだ体制が整わない、業者に相談してほしい」というつれない返事が返ってきただけだった。

あきらめきれない佐藤は、リサイクルステーションを運営する中部リサイクルに電話を入れた。

「平和が丘でもやってください」

萩原は考えた。

「うちでやるより、皆さんご自身で運営してみませんか。ノウハウは提供しますから」

それまでは、中部リサイクルの側からスーパーの駐車場などの場所を借り、スポンサーを募って設置をお願いするのが常だった。住民の方から自発的な申し出を受けるのは初めてのことだった。

「住民の発意という『芽』を育てよう」。現場で鍛えた萩原の勘がささやいた。

「自治会や町内会の人たちがごみを排出する『当事者』として、行政や他人に任せず、どこまで減量に参画できるか、平和が丘はその試金石なんです」と、萩原は当時語っていた。

主力は保健委員会だった。平和が丘の二千世帯を十一に区分けして、ステーションを配置した。

毎月第三土曜日午前九時、保健委員が、その意義を説明しながら分別の仕方を指南した。

初回の持ち込みは五百二十九世帯で、参加率は26・5％、スチール缶二百五十キロ、ペットボトル七十五キロ、新聞紙九百三十キロなど、合計三千三百四十四キロが回収された。

のちに「名東方式」と呼ばれる、完全に「市民が主役」の地域リサイクルシステムの誕生だった。

ボランティアとしてリサイクルステーションの運営を手伝った当時高校一年生の市村怜子は、こう言った。

「ここへ来たのをきっかけに、ごみ問題に関心を持ち続けたい」

非常事態宣言という土壌を、市民団体が耕し、「市民力」という新しい芽が育ち始めた。

行政による資源回収が全区に行き渡った今、平和が丘のリサイクルステーションは休止状態になっている。だが、平和が丘は特筆すべき転機になった。そこから「連鎖」が始まった。

続く「第六走者」として登場する『エコ太郎』こと、山本幸太郎は、平和が丘の活動ぶりを新聞で読み、「これならできる」と膝をたたいて、中部リサイクルの門をたたいた。

九九年一月、新大門商店街で、商店街が運営する初めてのリサイクルステーションが始まった。

「これならできる」、これこそ連鎖の扉を開く魔法の言葉ではないか。目で見て、体験して、そして私にもできると思わせる。リサイクルステーションには資源を集めるだけでなく、だれでも気軽に訪れることが可能な環境教育の現場という重要な役割があったのだ。

リサイクルステーションだけではない。山本の活動に触発された会社経営者の友人が、事業系ごみを資源化する中小企業のネットワーク「東区オフィス町内会」を立ち上げた。

今も続く名古屋の環境フリーペーパーの「Ｒｉｓａ」も、山本の親友で当時中日新聞の専売店を営んでいた江口敬一が、山本の活動を援護するために創刊したものだった。江口は、朝刊のチラシに「Ｒｉｓａ」を無料で折り込ませるというかたちで中日新聞社を巻き込んだ。

行政も進化した。

九八年十一月、名古屋市の東別院で開かれた平和が丘学区主催の「自主回収一周年記念シンポジウム」で、当時、減量推進室主幹だった加藤順一が「皆さんの元気に励まされ、私たちも今までとは多少考え方を変えました。」と、「名東方式」への競争心をのぞかせた。

平和が丘りさいくる推進委員会のアドバイザーだった元名東環境事務所長の佐藤秀利は「住民活動がごみ減量の成否を握る。リサイクルは市民参加というより、行政が市民活動に参加する『行政参加』の時代になった」と力説した。名言だった。

10周年記念のリレートークは、「これならできる」の連鎖反応を、関係者の「証言」をつないで再現して見せた。

●第六走者　山本幸太郎（新大門商店街振興組合理事）

当時、青年会議所の環境委員会に所属していたのですが、中日新聞の記事「ごみを見に行こう」を読んで、平和が丘に見学に行き、これだと思いました。そして、衰退の一途にある商店街ですが、お祭り好きのメンバーが盛り上がってリサイクル運動に取り組むことになりました。やがて周囲で私もやりたいという声が広がっていき、次から次へとバトンを渡していくことができたのです。

●第七走者　渡辺豊（元ドイツ環境先進都市名古屋市民視察団）

ドイツのフライブルクは環境問題への取り組みに三十年の歴史がある都市です。都市規模は名古屋の十分の一ですが、学ぶことはたくさんありました。名古屋が進んでいる部分もあります。自分も住宅管理業に従事しているので、分別収集の大変さはわかりますが、問題のひとつは、ごみを出す側が分別する価値や意味を「知らない」こと。伝えれば変わる。あきらめないで粘り強く伝える努力が大切です。

●アンカー　唐木志穂（ＯＳＨＡＲＥＣＯ）

四月（二〇〇九年）に愛知淑徳大学を卒業します。自分のような若い世代が「ＯＳＨＡＲＥＣＯ（おしゃれこ＝おしゃれでエコ）というコンセプトで、ごみ問題や環境問題に、チャーミングアプローチといって、ものすごくかわいく（ね、かわいいでしょ）取り組もうとしています。おしゃれなタンブラーをコーヒーのチェーン店に持参して、そこにお茶を入れてもらったり、街歩きをしながら意外なエコを探したり、楽しみながらエコに取り組んでいます。いろいろなつながりのなかで生きている感謝の気持ちを、この街に還元していきたいと思っています。

続くパネルディスカッションは、松原や萩原も交え、「環境首都名古屋」へ向けて希望を語る、「未来語り」の場になった。

パネリストの一人、大学生でつくる環境活動団体「なごやユニバーサルエコユニット」副代表で、名古屋市大医学部二年（開催当時）の野口翔平は、さらりとこう言った。

「もしかしたら皆さん不思議に思われるかも知れませんが、ぼくたちは分別が当たり前のようにして育ってきた世代なんです。小さいころからごみを分けなければいけないというようにしてきた世代なので、それにいたるまでの過程がどれだけ大変だったかはむしろ知らなくて、もうそれはあたかもはじめからあったかのように感じています。ですから、今ここで皆さんのさまざまな活動をうかがって、多くの人がすごいエネルギーを費やして、すごい転換をして、ごみを捨てっぱなしにする世界から、リサイクルが当たり前の社会に変えたのを初めて実感できました」

野口も次第に熱くなった。少し長くなってしまうが、発言の続きを引用したい。

「じゃあ、このまま満足していいのかと言ったら、大人の人たちがせっかく一生懸命やってくれたのを、ぼくらの世代で終わらせるわけにはいかないので、ぼくらが何をやるかと言ったら、

（同じものを繰り返し使う）リユースの世代に変えていくことだと思うんです。簡単に言えば、ごみを捨てないような社会にするということですが、そもそも（発生段階から）ごみを減らさなきゃいけない。その願いも込めて、今回実は名古屋市さんからぼくらの団体に十周年記念のモニュメント（「Growbe」＝グロウブ、Globe（地球）とGrow（成長）を合わせた造語。岐阜県多治見市にある名古屋市のごみの最終処分場「愛岐処分場」に、〇九年二月完成）を作ってほしいという話がきたんです。半年以上前の話ですが、名古屋にいる美大生にわーっと声をかけて、デザインコンペみたいなのを開催しました。（中略）ふと原点に返ったとき、このモニュメントを作る意味は何なんだろうかと思ったんです。よし、10周年だ、みんながんばったね、すごいがんばったねで終わってしまったら何の意味もないと思うんです。それを祝っちゃうモニュメントなら、ぼくは作らない方がいいと思いました。みなさんの税金で作るんだったら、見る人に『私たちはこれからもごみを減らし続けなければいけないよね』と感じてもらえるような、未来につながるようなモニュメントを作らなければいけないと思ったんです」

「上部の球体は『地球』とか『環境』を表します。それが地元名古屋の、そして多治見の地面にちゃんと定着していくように、地に足をつけるようにぴたっとくっついて、そして（そこから地面に）波紋が広がるようにデザインされています。一番の特徴はこの球体が土でできていること。多治見の森にすんでいるさまざまな植物の種が勝手に飛んできて、苔が生えて緑に育っていくはずです。実際これがどうなるかはぼくらにもまだわかりません。最初はただの土ですが、十年後には不思議な草が生えるかもしれません。それをずっとぼくらは見守っていくわけです。で、見返すたびに成長するモニュメントを意識しながら、やはりごみを減らさなければという思いをずっと持ち続けることができるかな、と思いながら、モニュメントを作りました」

ユニー環境社会貢献部長の百瀬則子は「今十歳の子どもたちが二十年たったら三十歳。もうお父さんお母さんの世代になっています。そのときにはきっと野口さんみたいに、みんな当たり前に小さいときから環境のことを考えたり、ごみを出さないような生活をしたり、そのためにはどんな商品を買ったらいい、正しく選んだり、車に乗るより歩いていこうとか、そういう人たちが普通の大人になっているのではないかと思います。私たちお店屋さんは、人の普通の生活がずっと続いていけるような、この地球がずっと青いままで生きていられるようなかたちの活動をしていきたいと思っています。だから、肩肘はって、つらい環境活動ではなくて、楽しくて、ちょっとやるとお得みたいな、そういう環境活動がお店屋さんのなかで広がっていくといいなと思っています」と、『大人』としての所信を述べた。

椙山女学園大現代マネジメント学部教授の東珠実は「やはりこの地域はすごくリーダーに恵まれていて、名古屋がこうして変わっていくのは、市民と行政と事業者の協働の成果であるわけですが、市民一人一人がばらばらではなかなか変えていくのは難しかったと思います。小さな組織がたくさんできて、リーダーたちが力を発揮するうちに、それを支えたいと思う人がたくさん現れて、一つの目標を達成してきたと思うんです。このような名古屋市民のすばらしい力をさらに結集させて、次の十年、二十年につなげていってほしいと思います」と、なぜかうれしそうだった。

「ごみ非常事態宣言で名古屋市民が得たものは『つながりと誇り』だと、あるところから思い始めたのですが、みんなつながっているわけです。野口さんのように分別は当たり前だと言い切る世代を育てたあたりもやっぱりすごい。これを名古屋市全体でやったというのはすごいことなんですね。市全体が動いたすごさというのを感じました。その『つながりと誇り』を二百二十万市民がどうやってつむいでいくか。ぼくは心配性ですが、ここにいると未来がちっとも不安じゃない。幸せです」

萩原は珍しくセンチになった。

そして松原は「平成三十二年にごみを46%削減し、埋め立て量をゼロに近づけるという名古屋市の第四次ごみ処理基本計画は、行政が勝手に作ったものではありません。みなさんと議論した結果がこれなんです。非常に高いハードルだとは思っています。しかし、みなさんの支えがあるから、行政としてもこの高い目標に安心して挑戦できる。十年がかりで、このような関係ができたのだと信じています。だから、これから十年また一緒にやっていけば、何とか達成できるとも思っています。私たちは愛・地球博で、五十年後の子どもたちに美しい地球を譲り渡すと約束しました。苦しいけれど名古屋はその先頭を走るんだという気持ちになりました。私はこれから（市長の職を退いて）生活者になって、もう行政にめちゃくちゃ文句を言う立場になって、うるさいおじいさんになって、楽しみながらその約束を果たしていきたいと思っています」と、市政ならぬ市井から引き続き「環境首都」への挑戦に深くかかわり続ける意気込みを披露した。

約七百人の聴衆はほとんど中座しなかった。だれもが名古屋市民として、ごみ減量にそれぞれの現場でかかわったという当事者意識を呼び起こされた。「私たちがやってきた。これは私たち自身のイベントだ」。萩原の言う「つながりと誇り」が席を立たせなかった。

「やっぱり、動員はいらなかったな」

竹内はつかの間、安堵した。

1

竹下景子

「地球そのものも、
いのちを持って生きているように
思えてきました」

竹下景子（たけした　けいこ）

一九五三年生まれ。愛知県名古屋市出身。

一九七三年、ＮＨＫ「波の塔」でのデビュー以来、クイズ番組「クイズダービー」やドラマ「北の国から」、映画「男はつらいよ」など、多数の作品に出演。最近の主な作品は、ドラマ「父からの手紙」「三十万人からの奇跡」、舞台「御いのち」など。

舞台「朝焼けのマンハッタン」「海と日傘」にて第四十二回紀伊國屋演劇賞個人賞を受賞。

テレビ、映画、舞台出演のほか、二〇〇五年に開催された「愛・地球博」では日本館総館長を務め、「世界の子どもにワクチンを日本委員会」ワクチン大使や国連ＷＦＰ協会（国連世界食糧計画）顧問を務めるなど幅広く活動している。

とき　二〇〇七年九月七日
ところ　多治見「入星」

◆出会い

竹下　（愛・地球博の未使用入場券を見て）何枚ぐらいあるんですか？
萩原　二百万枚ぐらいかな。産業廃棄物寸前のところで、「ほしい」と言っていただきました。
竹下　えーっ、なつかしい。
萩原　名古屋市民はみんな持っていますよ。いまだに。子どもたちも、みんな持っています。
竹下　いいですねえ。

二〇〇五年三月から九月まで、二十一世紀最初の国際博覧会として名古屋市東部の丘陵地帯で開かれた愛・地球博（二〇〇五年日本国際博覧会）には、環境問題のハードルをぐんと低くする効果があった。

近未来の環境技術や自然と共生して暮らす世界百九十カ国の「叡智」や地道な市民活動に、そこで出会って、二千二百四万人の入場者の多くが、「これならできる」と、少しだけ自信を持った。その一つの象徴が、ＥＸＰＯエコマネーセンターという小さなパビリオンだった。

環境に優しいことをすると、そこでエコポイントをつけてくれた。自然保護運動に参加するとか、多額の寄付をするとか、難しいことでなくてもいい。愛・地球博に入場するだけでポイント1、だって「環境博」だから。エコマネーセンターをのぞいてみるだけで、来館ポイントがさらに1。2ポイントからエコグッズと交換できた。場外の協賛店でレジ袋を辞退するとポイントをもらえる仕組みもあった。たまったポイントを植樹に寄付できる仕組みもあった。センターの壁には、枝を張った大木の絵が張られていた。「ドングリーズの木」と呼んだ。植樹にポイントを寄付した人は、若葉の形をしたシールをそこに貼り付ける。葉っぱの緑が増えていくのを見るにつけ、「環境にいいことしたぞ」と実感できる。

エコマネーセンターは、名古屋市の補助を得て、中区の金山駅前で活動を続けている。エコポイントをためる記録媒体として、ICタグがついた万博の入場券が使われた。

萩原　今日は竹下さんが市長をお誘いしたんですか?

竹下　そうなんです。

松原　いろいろなことを全部飛ばして——。そうしないと、ここへは来られない。

萩原　市長と竹下さんのおつきあいは?

竹下　いつごろだったかしら、あれはそう、愛・地球博の二年ほど前に名古屋で防災関係のフォーラムがあって。私は個人的に興味があって防災のことを少し勉強していた関係で呼んでいただいて。そこでご一緒したのが最初です。

松原 東海豪雨があったから。豪雨を体験した自治体の長という立場で出ていた。竹下さんは中央で何やらかんやら（中央防災会議東海地震対策専門調査会）の偉い委員だった。そのとき私は、河川そのものは国土交通省がみていて、流域の都市計画はそれぞれの自治体が勝手にやっている。そうすると、自分のところにたまった水はできるだけ早く手近な川に流すようにする。そうすると、一番下流にある名古屋はどういうことになるか――と、問題を提起しました。

竹下 そういうことですよね。

松原 都市計画と水処理を流域全体で考えてもらわないと、困ると。中心にある川に何でもかんでも入れてきてしまう。名古屋市の川上には、高蔵寺ニュータウン（愛知県春日井市）、何万戸という巨大な団地があるでしょ。あそこは、最終的には全部庄内川に流れるように設計してある。そうすると、上流の雨水の処理は、結果的に全部名古屋でやることになってしまう。だから東海豪雨のときに、堤防がきれてしまった。

萩原 そういう意味では今回、ＣＯＰ10（生物多様性条約第10回締約国会議）もあることだし、流域一帯でものをとらえるという考え方は、生き物との関係を考える上で絶対に必要なことだから。

1　竹下景子「地球そのものも、いのちを持って生きているように思えてきました」

生物多様性条約は、一九九二年、ブラジル・リオデジャネイロの地球サミットで調印された。生物多様性の保全、生物多様性を構成する生き物の持続可能な利用、そして遺伝資源を利用して得られる利益の公正な配分をめざす条約である。同じとき、同じ場所で採択された地球温暖化防止のための気候変動枠組条約とは、いわば双子の条約だ。

締約国会議は二年に一度開かれており、二〇一〇年十月には第十回目（COP10）が、名古屋市熱田区の名古屋国際会議場で開催される。

松原　そうなんですよ。

萩原　防災もそういう流れでやることですね。

松原　上流と下流の関係を考えないと、とてもやっていけないですよ。名古屋の水は大丈夫なんて言っていますが、岐阜県の上流部の人が苦労して水源にお金を使うから名古屋の水があるわけでしょ。環境税かなんかで、上流部で水源を守ってくれている人たちになんらかのお返しをしなければ、山は全部荒れてしまう。

竹下　問題ですねえ。

松原　生態系もだめになる。まず、水がめが、だめになる。

萩原　最近話題のチョンゲチョン、やっぱり見たいなあ。

チョンゲチョンは、漢字にすれば「清渓川」。韓国の首都ソウルの中心部を流れる川である。全長10・92キロ、川幅はちょうど名古屋の真ん中を流れる堀川と同じくらいに見える。朝鮮王朝時代の十五世紀初め、大規模な氾濫が起きたことから、代々の為政者が治水に力を入れてきた。が、人口が急増したソウル市民が下水を垂れ流し、上流域で木々が乱伐された影響で大量の土砂が流入するなど、水害の危険が絶えない川だった。

日本の朝鮮統治下、ソウルへの人口集中はさらに進み、川辺に仮設住宅を建てて違法に住み着く人々も増えた。河川環境は悪化の一途をたどり、衛生上の危険も増した。

一九三五年、時の京城府は清渓川にふたをする構想を発表した。実現したのは戦後である。一九五〇年代から七〇年代にかけて工事は続き、清渓川はコンクリートで覆われた暗渠と化した。その上に高架道路が建設されて、水面は二重に厚く閉ざされた。

見えないものは汚される。暗渠の上は闇市が広がり、スラム化が始まった。

清渓川は、韓国の急激な経済成長の陰に封じ込められた景観や環境という「価値」の象徴だった。世紀の変わり目、清渓川の復元を求める市民の署名運動が活発化した。

そのふたを開けたのは、現在大統領を務める李明博（イミョンバク）だった。

二〇〇二年、清渓川の復元をほぼ唯一の公約に掲げて国会議員からソウル市長に立候補した李は、当選すると、早速その実現に乗り出した。

単年度主義の日本ではおよそ考えられないことだが、工事は三年間継続で一気に進められ、下水道を整備してコンクリートの覆いを取り去った。大胆にも高架道路まで撤去して、廃線にした。その代わり、バスの利便性を高めるなど、公共交通への誘導は忘れなかった。このために、道路事情が悪化した形跡はないようだ。

闇市は撤去され、緑を敷いた親水護岸に生まれ変わった。

半世紀ぶりに姿を現した水の流れは、市民の意識を変えた。復元は市民が望んだことだから、復活した清渓川の景観は市民が自ら守るべきだと、清掃ボランティアや川辺の見回りを買って出る市民団体が次々に名乗りを上げた。このあたりは、藤前干潟の埋め立て計画断念を機に歴史的なごみの減量を成し遂げた名古屋のケースとよく似ている。

日本円にして約三百六十億円の工事費は、ソウル市が全額負担した。だが、奇跡的に生まれ変わった清渓川には世界各国から視察者が訪れるだけでなく、一般の観光客にも人気のスポットに発展した。また、中心市街地の観光名所を結ぶ川辺の散策道として、ソウル市全体の「環境価値」はもちろん、「観光価値」も高めている。長期的に見れば、極めて有効な投資だったといえるだろう。

何よりソウル市民が川を汚さなくなった。たばこのポイ捨てをした日本人観光客が、巡視員におきゅうを据えられる場面には、時折出くわしたりするものの――。

◆煌めきの未来へスタート

竹下　そういえばこのごろ、自然の災害が多いですよね。それは日本だけのことではなくて、世界的にも増えています。ハリケーン、カトリーナの猛威は記憶に新しいですが、この間、アメリカのマイアミにテレビの取材で行ったら、「カテゴリー5」という最上級の強さに分類される猛烈な台風がいくつも来ているというんですよね。このことは日本と無関係ではあり得ないと、もう多くのみなさんが気づいています。すべて、地球という同じ土俵の上で進行していることなんだと。ただごとではなさそうだって。

萩原　米国も変わってきていますよね。海沿いの州は京都議定書の批准に動き始めています。

松原　次の大統領選挙（二〇〇八年）のときに、「京都議定書には参加しない」というようなことでは通用しない。

竹下　やっぱり経済との関係なんですか？

松原　経済との関係で（京都議定書は）いやなんだ。だって、自分のところの石油は、まだできるだけ使わないようにしている国だから。

竹下　そうですね。

松原　要領のいい国だから。

竹下　ガソリンが値上がりしているというのに。

松原　防災も環境も持続させることが大切です。万博は一過性のものではないと、私はずっと言い続けてきたのだが、「自然の叡智」の継承事業と言えば、いろいろなことがやりやすい。それだけみなさんが学習してくれたということだ。

萩原　万博の『印籠効果（水戸黄門の）』。

松原　そう、印籠効果。

竹下　環境は自分たちの暮らしやいのちに直結するものだというイメージが広がったということだけでも、変化ではあったかな。「次にアクションを起こすのは自分たちだ」という余韻を残して終われたような――。

松原　二〇一〇年は、尾張開府四百年に当たります。私はこの年を、未来の子どもたちとの約束を守る、実行の年にしたいと思っています。ほら、未来を変えて、未来の環境といのちを私たちの世代が守るという、あの約束のスタートです。「煌きの未来のスタート」というのは、ちょっとかっこよすぎるか。名古屋城本丸御殿復元のイメージソングのタイトルが「煌きの未来」なんですが。

一九四五年五月十四日の名古屋空襲で、国宝名古屋城の天守閣は無惨に焼け落ちた。その南側に優美な姿を見せていた本丸御殿も運命をともにした。一六一五年の完成時には初代藩主、徳川義直の住居兼尾張藩の政庁として使われ、近世城郭建築の最高傑作とうたわれた貴重な文化財だった。

その復元計画がようやくまとまり、市民や企業の浄財を得て、二〇〇九年一月に着工をみた。開府四百年記念の一〇年に玄関の一部を公開し、完成は一八年度の予定である。

復元には、岐阜県中津川市加子母の木材が活用される。古くから良材の産地として名高い加子母の木材は、名古屋城創建時にも資材を賄った。幕末には、消失した江戸城西之丸御殿の再建にも木材を提供した。

下流部の都市が木材を利用することで、上流部の森林が維持される。そうすれば森林は都市生活に欠かせない安全な水を安定的に供給し続けることができるだけでなく、防災機能も維持できる。地球温暖化の原因になる二酸化炭素もその中に閉じこめる。

森や川があっての都市、都市あっての森や川。本丸御殿再建は、歴史的、文化的価値だけでなく、木曽川流域「上下流交流」のシンボルとしての役割も秘めている。

竹下　イメージソングは、どなたが作曲されたのですか？

松原　ボブ佐久間さんの作品です。ボブさんが「交響詩　名古屋城」という曲を書いてくれました。第六楽章が「エレジー　一九四五」といって、焼失の悲劇を奏でています。そして、第七楽章が「賛歌　復活の鼓動」。エレジー（悲歌）から賛歌へ。ここのところのメロディーがすごくよくてね、ボブさんに「ここ、歌になりませんか」と言ったら、ボブさんが詩を作って、その部分だけ編曲もしてくれました。それを新妻聖子さんが歌っています。（愛知県）稲沢市の出身で、清潔な張りのあるいい声で歌ってくれている。

竹下　スタンダードナンバーになっていくといいですね。

松原　いいのはね、「名古屋」という言葉が一度も出てこない。ご当地ソングのように、名古屋とか、お城とか、しゃちほことかは一つも出てこない。めちゃくちゃスマート。それが「煌きの未来」。そして、二〇一〇年は「煌きの未来へスタート」ということでやろうとしていますので、またいろいろとお願いします。

竹下　こちらこそ、私にできることがあれば、よろしくお願いします。

◆旬菜旬食

萩原　竹下さんはどういうご縁で、（愛・地球博）日本館の総館長に？

竹下　当時経済産業省の大臣でいらした中川昭一さんが、事務所にお電話をくださいました。もちろん私のふるさとが愛知県ということが一番大きかったのですが、同世代ということで。同い年なんです。

萩原　私も。昭和二十八年生まれ！

愛・地球博は、当初、愛知県瀬戸市南東部の海上の森で開催される予定だった。しかし、名古屋市近郊の貴重な里山を切りひらくことへの抵抗は強く、環境への影響を少なくするために、主会場を愛知県長久手町の愛知県青少年公園に移し、瀬戸会場との分散開催に改めた。日本政府はホスト国として、瀬戸会場、長久手会場それぞれに、日本の環境技術と環境文化の粋を集めて、メインテーマの「自然の叡智」を表す日本館を出展した。両者を併せた総館長を務めたのが竹下だった。

二階建て、広さ延べ約六千平方メートルの長久手日本館は、日本文化を象徴する素材の竹を六つ目に編んだ、緑がかった灰色の繭のような繊細な外観だった。

二万三千本の竹を編み、間伐材の柱で支えた。「竹ケージ」という巨大な竹かごは、太陽熱を吸収する省エネ構造でもあった。その上、館長は竹下という『竹づくし』。はじめから意図したわけでもなかろうが。

鉄骨造り四階建て延べ約三千平方メートルの瀬戸日本館も負けてはいない。「風の塔」と呼ばれる冷気の通り道を円形の建物の中心に据え、外壁を国産カラマツの木材パネルで囲み、屋上緑化を施した。

両日本館共通の理念である「つなぎ直そう。人と自然」は、二〇一〇年九月に名古屋市で開催される生物多様性条約第十回締約国会議（COP10）の精神にも通じている。

瀬戸日本館の中央ステージでは、約三十人の集団が群舞しながら台詞を語る群読叙事詩「一粒の種〜響き合う知恵の記憶、私が始まる」が、百八十五日間の会期中、毎日二十回ずつ上演された。

ともすれば、コンピューターが司るロボットや映像が中心になりがちな現代の博覧会では珍しく、生身と素手の「人間力」で観客を魅了した。

松原　総館長としていろいろな人にお会いしなければならない場面も多く、すごく大変だったでしょう。いろいろ勉強もしなければならないし——。

竹下　日本館の展示についてはもちろん勉強しましたし、あとはＶＩＰへの対応ですよ。どんな質問が来てもいいように、努力しました。それまで私は、日本という国がこんなにエコな国だという実感が正直ありませんでした。好きになりましたね。こういう優れた国だったんだって。ただそれを普段忘れていることにも同時に気がつきました。

松原　日本人の国民性としても、エコな国民性なんでしょうね。

竹下　本当はそのはずなんです。まあ、もともと周りを海に囲まれているということも大きいのでしょうが、欧米の人は自然というと、どんな小さなことでも人が手を入れた時点でもう自然とは認めない。自然公園といえば、本当に手つかずの自然のまま。人は自然を外側から見ている感じがします。日本人は少し考え方が違っていて、内からの視点というか自分たちが自然と関わりを持つなかで、幅広く自然をとらえるということも教えていただきました。盆栽なんて、本当に一つの芸術ですよね。

松原　そう、里山だってそう。人間の手が入らなかったら、里山ではなくなってしまう。人間が手を入れてこそ里山、という考え方。

竹下　私たちは、そういったことをもっと外に向けてアピールしてもいいんだと、開催したのが愛・地球博でした。

松原　日本は工業国でもあるから、環境技術を世界に発信して、ある面で金もうけもしていかないかん。

竹下　そうですね、技術力などの裏付けがないと、説得力がないですものね。

松原　アジアの環境をこのままぐちゃぐちゃにしておくわけにはいかない。日本の技術力が不可欠ですよ。日本は、今回も（気候変動枠組条約バリ会合＝ＣＯＰ13に向けて）CO_2削減の数値目標が出せないと言っていますが、アジアの国々は出してもらわないと困ると言っています。日本のような高い環境技術のある国に、今そんなことを言われたら困ると。日本の環境技術はものすごく大事になっていく気がする。

CO_2といえば、萩原さん、いつかケーキを食べる人を見て、「冬はショートケーキにイチゴをのせたら罰金だ」って言っていましたよね。ミカンをのせたらどうかと。そのときは全然受けなかったけど。

萩原　はははは……。

竹下　ミカンですか。季節のものをということですね。

松原　十二月にイチゴをのせようと思ったら、当然ビニールハウスで育てたやつでしょう。それはエネルギーの浪費になるからやめましょうとね。そこで「湯の町エレジー」の話が出たけど、これもまったく通じなかった。「湯の町エレジー」（昭和二十三年発売、歌・近江俊郎、当時としては記録的なヒットになった）という歌があるんですよ。関口さん（関口照生、写真家、昭和十三年生まれ、竹下さんの夫）にきけばご存じですよ。歌い出しが「伊豆の山々、月淡く……」というんです。ところが今、伊豆の山々は月淡くないんです。ビニールハウスの明かりでいっぱい。年末ごろの話です。一年のうちで一番たくさんイチゴが売れるのが年末。それらはみんな、ビニールハウスでできている。そのために、めちゃくちゃたくさん重油をたいている。どこまで行ってもずっとビニールハウス。家内が怒ってしまってね。いつも暮れに家内と旅行するんです。「こういうことでは、いけないんじゃないの」とね。要するに季節じゃないときに、自然にはあり得ないときにそれを出せば、高く売れるんですよ。

イチゴの旬は実は五月ごろ、そんなに遠くない昔、クリスマスケーキの彩りに似合う赤いフルーツということで、十二月に収穫が集中するようになった。五月の大型連休明けにハウスを撤去する産地が多い。

竹下　今、真夏にみかんが食べられるんです。とても不思議な感じですね。
松原　それは畑でエアコンかけてるんじゃないの。エアコンですよ。
竹下　運動会のころに青いミカンを持たされて、酸っぱいなあと思いながら食べていましたが、それがおいしかったんですよ。
松原　だから、「旬菜旬食」ということを提唱した。要するに、冬場はショートケーキの上にイチゴをのせて食べてはいけない。
萩原　ショートケーキのイチゴは、けっこうシンボルになるような気がします。今、名古屋市

1　竹下景子「地球そのものも、いのちを持って生きているように思えてきました」

の第四次ごみ処理基本計画を行政のみなさんと作っていますが、やっぱりライフスタイルとビジネススタイルが変わらないとだめなんです。名古屋駅で降りたら、あれっ、ここなんか違うなと。喫茶店に入ってショートケーキを頼んだら、名古屋は違うものがのっているということになると、ちょっとかっこいいですね。

松原　名古屋ではショートケーキにイチゴがのらないよと、冬は。夏場はいいよ。五月にのるのはかまわない。

萩原　ショートケーキには必ず旬のものがのっているといい。

松原　それを、広田奈津子さん（後出）ではないですが、ブログとかで薦めて売れるようにする。

萩原　名古屋オリジナルのショートケーキですね。

松原　みんなが消費行動を変えるということが、大事なんですよね。消費行動を変えれば、ものを作る方は絶対にそれに添って変わりますから。昔の消費者運動というのは、だいたい反対運動から始まった。しゃもじ持って反対したり。今はそういうことではなくて、「こちらの水は甘いよ」というやり方でやっていこうと。

萩原　市長が、一冊目の本（『一周おくれのトップランナー　名古屋市民のごみ革命』、二〇〇一年刊）のときに「経済システムを変える」と宣言してしまっているわけです。いよいよそこに、入り始めているんです。国の法律がじゃまになりますが。製造物責任（メーカーが作ったものに責任を持つ。たとえばリサイクルしやすいように）というのが、韓国のように法律で規定できればいいのですが、日本では、まだそこまでいっていないので、企業との「協定」でやっていかなくてはいけない。消費者運動も、北風ではなく太陽になってやっていく――。

松原　あの子（広田）たちは柔軟だね、悪い企業に反対するのではなく、よい企業を応援し、後押しする消費者運動。われわれの世代はいつも「食い損なう」のを恐れてた。大学を出ても就職できなければ大変とか。食うことばかり心配していた世代なので、あの子たちを見るとまぶしいんです。

竹下　いろいろな提案をしているんですね。

◆容リ法の完全実施

松原　それで、私は東京都が今、やろうとしていることについて危機感を持っています。ごみをみんな燃やしてしまおうとしている。東京がやることは他都市へのインパクトが大きいでしょう。

竹下　そうです。十月からごみの出し方が変わるんです。

東京都は二〇〇五年、東京湾の埋め立て処分場の延命を図るため、二〇〇八年度中にそれまで「不燃ごみ」に分類していたプラスチック類の埋め立てをやめ、「可燃ごみ」に切り替える方針を打ち出した。

東京都では二〇〇〇年に、清掃事業が都から区へ移管された。ごみの収集、運搬は区の事業、焼却などの中間処理は、東京二十三区清掃一部事務組合が担当し、最終処分場は、都が設置、管理している。

最終処分方針の変更を受け、プラスチックごみをどうするかについて、二十三区の足並みはそろわなかった。

都が示した優先順位は、素材として再利用するマテリアルリサイクル、燃やして熱回収するサーマルリサイクル、そして単純焼却だった。が、最終的な判断は区にゆだねられた。

萩原　週刊誌にも特集記事が載っていましたが、(マテリアル)リサイクルだけがいいわけじゃない、プラスチックはサーマルリサイクルで燃やした方がいいと書いてある。ちょっと危ないなあ。

竹下　燃やしても有毒なものは出ないからですよね。

松原　ダイオキシンはもう出ない。たぶんガス化溶融炉にするんでしょう。何でもかんでも燃えてしまうんです。プラスチックでも何でも分別しなくて燃やしてしまう。助燃材として使うとか。名古屋でもそういうことは技術的には可能で、一つのごみ処理工場ではそのようにいたしますが、リサイクルをしようという市民の機運に水を差すようなことではいけないので、何でもかんでも焼却炉に放り込んでくださいということは絶対に言わない方針で、リサイクルを続けています。

竹下　回収したもののリサイクルはできるんですか。

松原　できます。専門の会社があって。

萩原　名古屋プラスチックハンドリング。

松原　そこでしています。もちろん助燃材の方にも回したりはしていますが。

竹下　そういうところがうまく回っていかないと、燃やしてもいいということになるのでしょうか。

松原　そのまま捨ててしまうわけにはいけませんから。

竹下　埋めるのは限界なんですね。

松原　だからと言って安易に燃やすことを選択すると、ほかのものもリサイクルしなくなる。

萩原　発生抑制がきかなくなるんです。そういう例はいっぱいあります。技術でやれるようになると、みんないい加減になるんです。一度好きに出してもいいことになったら、もう全然歯止めがきかない。「市民」というのも案外だらしないですよ。

松原　ごみになるものを家に持ち込まないというのが原点。そうすると、ごみになりやすいものが売れなくなるわけだから、製造もしなくなるわけです。外国では日本ほど過剰包装はありませんよ。ものを送るときに、ひもを掛けるだけとか。

竹下　プラスチックでくるんだりしませんね。

松原　野菜やいろいろな食品も、日本ではプラスチックのトレイの上にのっています。ヨーロッパではそういうことはしませんよ。持参した袋やかごにポンポン入れて買っていく。そうすればトレイは省けます。あれだって貴重な石油でできているんでしょ？

竹下　そうですね、発泡スチロール。でも、このごろ全体的にずいぶん簡易包装になりました。

松原　なった、なった。

萩原　企業もそろそろ、いつまでも右肩上がりではないと、気づいてきているのではないですか。

松原　そう思いますよ。

萩原　人口が減っていくんだから、そんなに伸びるわけがない。

松原　言葉では、成熟社会とか高齢社会とか言っとるんだが……。

竹下　ドイツのフランクフルトで一般家庭に泊まったことがありました。そのとき一度だけ、お買い物について行ったのですが、たとえば朝ご飯用のシリアルを買って、出口でもう、箱から出しちゃうんです。お客は中身だけ持って帰って、箱はすべてスーパーが回収します。本当に家庭へはごみを持ち込みません。ごみ税を負担しなければならないから、ごみを徹底的に減らします。使い道に納得できれば税金も負担するけど、必要のないものには払いたくないという考え方で、ごみを出さないようにしています。瓶などは全部リサイクルでした。

松原　デンマークでは税制が違っていて、リサイクルしにくいもの、たとえばペットボトルのようなものには、高い税金がかかります。だからペットボトルはほとんどつくられない。

萩原　日本の容器包装リサイクル法はそこに大きな矛盾があるから。

一九九五年に制定された容器包装リサイクル法は、住民が分別、行政が収集・運搬と保管、そしてメーカーが再商品化というそれぞれの役割分担で、体積で家庭ごみの六割を占める容器包装ごみを減らそうという法律だ。ただし、お手本にしたヨーロッパのシステムとは違い、再商品化、つまり、リサイクルの実務は日本容器包装リサイクル協会（指定法人）に丸投げされ、リサイクルにかかる費用が商品に表示されることもなく、消費者に直接には金銭的負担感が及ばないため、リサイクル促進のモチベーションにはなりにくい。

一九九七年、ガラス瓶とペットボトルを再商品化義務の対象として実施され、二〇〇〇年の全面施行で段ボール、紙パック以外の「その他紙」、ペットボトル以外の「その他プラスチック」が義務対象に加わり完全施行となった。

アルミ缶、スチール缶、紙パックは、分別さえできれば比較的容易に「素材」として売れるので、再商品化義務の対象外にされている。
容リ法の仕組みを使って再商品化義務を果たすかどうかは市町村の選択制だが、名古屋市は二〇〇〇年八月に、全国の政令指定都市に先駆けて、完全実施に踏み切った。「燃やす」から「リサイクル」への完全転換をぶち上げた名古屋ごみ革命第二幕の幕開けだった。

松原　だから、政令都市レベルでは容リ法の完全実施をしたのは名古屋だけです。
竹下　そうですか、名古屋だけですか。
松原　小さい都市ではやっていますけどね。
萩原　大変でしたけどね。
松原　深く考えないから、やっちゃっただけで……。
萩原　だいたい幼稚園の子どもに大学受験をさせたような段階へ、一気にいってしまいましたから。リサイクルということをしてこなかったまちでしたから、そこから十六分別二十種類まで一気にいってしまった。だいたいあのとき、市役所の電話が鳴りっぱなし、つながらなくなってしまいましたから。

松原　抗議とか質問の電話でね。

萩原　喫茶店では主婦たちが集まって、分別談義、どうやって分ければいいの？って。すごかったですね。

竹下　東京では絶対にできなかったと思います。地域のコミュニティーが希薄になっていますから。名古屋だからできたんだろうと思います。

松原　そう、名古屋はできたんだね。『ゴミュニティー』ができていったんだね。

竹下　リサイクルを通じて、地域のコミュニティーが再生されていったんですね。

萩原　やっぱり名古屋は変わりましたよね。それまでの名古屋には、市民団体とは一線を画すという性格がありました。その意味ではごみ問題があってよかったし、市長も今「環境首都」をめざしているわけですよね。市長が「やる」と言ってるわけです。$CO_2$10％削減もそうですが、ぼくは日本で唯一可能性があるまちだと思っています。竹下さんの環境首都はどんなイメージですか？

竹下　一つは水俣です。以前、元水俣市長の吉井正澄さんとお話したのですが、水俣病という負の遺産を抱えて生まれ変わるにはどうすればいいのだろうと考えに考えて。何とかしなくてはという切実な思いが、行政の側にも市民ひとりひとりの中にもあったんです。それが環境運動になり環境先進都市へと発展していったんだと思います。残念ながら私はまだ行ったことがない

1　竹下景子「地球そのものも、いのちを持って生きているように思えてきました」

んですが。

松原　わしも、まだ。

竹下　「水俣病」という名前がついたのは一九五六年なんですが、「公式発見」の年と言われています。最初の患者と言われたのは当時五歳の女の子、私と同世代。私たちがこうして豊かになってこられたのも、患者さんやその御家族の犠牲があったからだと思わずにはいられなくて。

史上最悪といわれる公害の被害を受けた水俣市は、一九九〇年代後半、当時の吉井正澄市長の下で、水俣病が引き裂いた地域のきずな、人の和を取り戻そうと「もやい直し」運動を開始した。公害で傷ついたまちと住民は、もやいが解けて漂流し、波間に漂う小舟のようなもの。それをもう一度結び直し、「公害のまち」を「環境先進都市」に塗り替えて、世界をあっと言わせようと。

市民が率先して取り組むごみの二十二分別は「もやい直し」の象徴の一つになった。

◆レジ袋有料化へ

松原　家庭では主婦として、ごみを増やさないような生活をしておられますか。

竹下　エコバッグを持ち歩くくらいでしょうか。もちろん、リサイクルできるものはしますけど。うちの町内会は世田谷区の中でも環境についての意識が高くて、環境についてのアンケートが来たりします。風呂の残り湯はどうしていますか、とか、電気のスイッチをこまめに切っていますか、とか。電気料金は一年前と比べてどうですか、とか……。

萩原　お隣の杉並区はレジ袋課税を最初にやろうとしたところですよね。

松原　名古屋では緑区でレジ袋を有料化して、いらないと言おう、辞退しようということになりました。日本で初めて、一つの地区で全世帯一斉に。

萩原　紆余曲折はありました。スーパー同士、どこがまず（有料化を）始めるか、横並びで模様ながめになったり、逆にある会社の抜け駆けがあって後が続かなくなってしまったり……。

松原　緑区に店舗が多いユニーの社長に私から電話を入れたら、「要するにうちがちゃんとやりますと言えばいいんですね」ということで。

竹下　まあ、よかったこと。それで問題なく。

松原　問題なく。80％のお店が参加予定。ただ小さい店は一枚五円の有料化がつらいので見送りましたが、大どころは全部参加。これから広げますからね。二十二（二〇一〇）年度には市内全区でレジ袋は断る！

名古屋市のレジ袋有料化は二〇〇九年四月、西部八区（東、北、西、中村、中、熱田、中

1　竹下景子「地球そのものも、いのちを持って生きているように思えてきました」

川、港区）のスーパーやドラッグストアが加わって、当初の予定より一年前倒しで全市に広がった。

この時点で、市内のスーパーの九割がレジ袋を有料化した。百貨店やコンビニはまだ参加してない。

萩原　もともとEXPOエコマネーというのは、コンビニでもやれる仕組みとして考えたのだけど、これが、なかなか（ため息）。十五年前のスーパー状態ですね。そのころのスーパー側は「スーパーという業態自体、レジ袋がないと成立しない」と言っていました。それが今や国に対して「法律で縛ってください。有料化を法制化してください」と呼びかけているわけですからね。外国に行けば、コンビニだってレジ袋なんかくれないのに。

松原　ごみ問題でも、いろいろな政策でもそうだけど、ひと言でいうと「もどかしさ」が常につきまとう。自分の思っていることがなかなか周囲に伝わらない。それで、背広をジャンパーに着替え、公用車をライトバンに乗り換えて、現場へ走って行ってしまう。たとえば（愛知県）知多市のごみ分別がきちんとしていると聞き、その辺のおじさんのような顔をして見て回ったこともあった。

萩原　そういうところが、松原さん、やっぱりこまめ。四月に一回、非常事態宣言以来初めて対前年同期比でごみが増えたんですよ。そしたら市長が久しぶりにパトロールに出て、それをメディアがちゃんととらえると、またごみが減るんです。

松原　分別意識がたるんできたということで、一番いかんところはどこかときいて、そこへ走って行ったんです。すると地域の役員さんが出てきて「ここはワンルームマンションが多くて、初代のオーナーは分別を徹底させてくれていたけど、代がかわってやらなくなった」と言う。いかんなあ、と思って見回っていると、市民も一緒に学習してくれるのか、翌月は減るんです。だから時々見回らないかん。今年は四月から八月までの五カ月で、対前年比は二勝三敗かな。対前年比マイナスが二カ月、プラスが三カ月で。

萩原　だいたいリバウンド（揺り戻し）がないというのが、今までの常識からいうとおかしいんです。

松原　四月から八月までのトータルでマイナス一・五％くらいかな。

萩原　そういう意味では、みんな習慣というよりは誇りを持ってやっています。

松原　そう、誇り高き分別文化。

◆名古屋を環境首都に

萩原　水俣も名古屋も非常事態、危機感から始めたことではありますが、名古屋が今めざそう

1　竹下景子「地球そのものも、いのちを持って生きているように思えてきました」

としているのは、そういう危機的な状況なしに、いかに環境首都がつくれるかという創造的、建設的なチャレンジなんです。竹下さんにききたいんですが、ふるさと名古屋がどうなれば、環境首都だといえるでしょうか。

竹下　環境首都のイメージですか……。難しい質問ですね。私はやっぱり人の行き来だと思うんですね。一人一人がお互いにつながりを持って、地域コミュニティーをつくり、結果として環境をよくしようと、そういうまちを私たちがつくるんだというところがないと、なかなか形にはなっていかないのでは。コミュニティーというのが、都市になっていけばいくほど——東京はその典型ですが——人と人とのつながりがないから、新しい試みをしようとしても行き詰まる。たとえば岐阜県の郡上には長良川の源流があって、町の中にコイが泳いでいるようなせせらぎがあり、川から引いてきた水に生活用水として親しみ、野菜を洗って、洗濯をして、もちろん非常用水にも、みんなが誇りを持って使っていますよね。そういうものがもし名古屋にあったとしたら、環境首都の象徴にもなるし、もう一度見直してみたら案外何かあるのではないかなあと思っています。堀川もきれいになってきましたね。タクシーに乗ったら運転手さんが「魚がいるんですよ」って、うれしそうに言うんです。

萩原　さっきのチョンゲチョン（清渓川）ではないですが、ぼくはあれで韓国を尊敬したくなったわけです。世界の人が「名古屋って、名古屋の人ってすごいな」と、尊敬したくなるようなまちにしたいと思います。堀川だって、きっとできると思います。

松原　私は、二〇五〇年の名古屋を考えたときに、やはりコンパクトシティー（郊外へ拡大し過ぎた都市機能を中心部に呼び戻し、徒歩や市電で用が足せるまち）にならなくてはと思うんです。今のようにみんながあちこちに分散して暮らしていては、もうもたない。これから家を造る人は五十年先を考えてコンパクトシティーをめざさないとサスティナブル（持続可能）にはならないと思います。大都市で二階建ての一軒家に住んだって、たいてい自分の家の二階から自分の庭がよく見えない。狭いから。東京の兄貴の家がそうなんです。そんなことをせずに、四軒なら四軒で共同の庭を造って共同で管理してはどうかと。そうすれば絶対にコミュニティーもできてきます。共同でごみ処理もできるコミュニティーハウス。今、環境配慮型のモデルハウスを造っています。

竹下　いいですね。長屋の発想。

松原　最新の技術で造る棟割長屋、そういう提案をしようとしています。

竹下　それは高齢者対策としても非常に有効なアイデアですよね。「隣のおばあちゃん、どうしているかしら」と、いやでも前を通らなければいけないというところで。

松原　それがコミュニティーなんです。セキュリティーがしっかりしたマンションでは、町内会が成立しないんです。だれも入れないようになっているから、町内会長さんも会費を集めに行けない。

竹下　問題ですよね。

松原　問題。安心、安全というものは確保しなければいけないが、どんどん匿名性が高くなるでしょ。匿名性が高くなればコミュニティーの力は弱くなる――。

萩原　名古屋の世帯の55％が、一人住まいか二人住まい。ほとんど家族で住んでいない。

松原　名古屋の世帯数は一九六四年以来、二・六倍に増えている。若いお嬢さんの一人暮らしとか、親から離れて住む人が増えた。結局は老老介護の問題になってくる。

竹下　深刻ですね。

松原　何かことが起きたときにも、たとえばすぐに救急車を頼むということになって、行政コストがかかるようになっている。税金を高くしないでといわれるが、だとすれば、二世帯同居にしたら、ご褒美を出すとか、税金を負けるとか。

萩原　ごみやエネルギー消費も増える。

松原　「適当な湿り気」という表現をしていますが、名古屋はまだドライになりきれず、コミュニティーの根っこが生きている。コミュニケーションがあるというのは、行政にとっても大事なことなんです。名古屋は「環境首都」になれる可能性のあるまちです。

萩原　松原さんが学校の先生だったことが大きい。行政の視点を「人」に置いている。人に迷惑をかけないで、仕事として自分がやるという「一人称」で進めてきた。これまでの名古屋市長とはまったく違ったタイプ。

松原　ほかのみなさんはエンジニアですからね。技術開発を念頭に、効率的にやっていく。

萩原　そして、軽はずみという美徳。市長になったばかりのころ、京都議定書の年（一九九七年）に、京都会議に先立って、名古屋で国際環境自治体会議がありました。そこで、名古屋は10％減らすと、市長は言ってしまったんですね。日本全体では６％なのに。中途半端な数字はいやだとばかり。でも、リーダーにはこの感覚が必要なんです。

松原　あのときはね、京都議定書の第一削減義務が二〇一二年まででしょ。自分はそれまで市長をやっていないし、まあいいやと。

萩原　そのときは、ここまで長期政権とは、ぼくも思っていませんでした。

松原　いつリコールが起きるか、排斥運動が起きるかと。

萩原　次があるのかどうかわかりませんが、四期というのは大変ですからね。

松原　大変。

萩原　市長をやっていてもやっていなくても、CO_2削減の市民活動をやりましょうね。

松原　チームマイナス10％のＮＰＯ活動をやりましょう。先般環境大臣にお会いして「チームマイナス６％（京都議定書が定めた日本の温室効果ガス削減目標の一九九〇年比マイナス６％

をめざす政府主唱の国民運動)」に入りなさいと言われたときに、うちはマイナス10ですよと言ったら、いやな顔をされました。コンパクトシティーもその一つ。

萩原　公園と都市農園は、そこにも絶対に必要だと思います。食糧危機が来ますからね。

松原　ハギさんはヘチマカボチャを知らんでしょう。私たちが子どものころには、食糧難で周りがみんな畑になっていて、学校の運動場にもイモが作ってあった。ヘチマカボチャは屋根に作るんです。屋根の上につるを引っ張っていって。途中に縄を張り、そこに実がぶら下がるようにします。ヘチマのように。それで、ヘチマカボチャ。こんなに大きい。でも味がない。おなかが膨れるだけ。

竹下　たくさんなるんですね。

松原　たくさんなる。栗カボチャのようにおいしくない。おなかさえ、膨れればいい。

竹下　そうですよね、そういう時代があったんですね。

萩原　日本にかつて飢えがあったということを、知る人はもう少ない。

竹下　そのうえ、輸入頼みでフードマイレージ（食料の重量×輸送距離、これが多いほど、エネルギー消費が多く、環境負荷も高い）が世界最悪というのですから、どうしようもないですね。何とかしていかなくては。

松原　だから家庭菜園的なもの、緑地、そういうものを順番に空き地を集めて営々とつくっていかねばなりません。コンクリートをめくって土を取り戻せば、水循環もよくなるし、緑も増えるし、虫も来る。それでも人間の住むところはちゃんとあるんです。

萩原　町の中に畑もあって緑もあれば、わざわざ山奥へ行かなくてもいいんですよね。

竹下　田舎暮らしがブームですが、経験のない人がただ田舎へ移っても快適には暮らせませんよね。定年になってから定年後のことを考えても、それはほとんど実現不可能ですし、経験のない人がいきなり田舎で暮らしても、それはただ苦しいだけです。あこがれはわかりますが、ある程度インフラも整備されていて、なおかつ自然とのつながりも持てる生活でないと無理でしょう。田舎暮らしブームは長く続かないと思います。

名古屋の駅前がどんどん変わっていますが、名古屋はもっと変わるんですか。

松原　広小路（名古屋市中心部の目抜き通り）が変わります。

竹下　広小路ですか。

松原　広ブラを復活させます。

竹下　広ブラ?

松原　栄から名古屋駅までぶらぶら歩くから「広ブラ」。栄からゆっくり歩いて四十分ぐらい。

竹下　そうですか。したことないなあ。

松原　それには、歩いてみたい、歩きやすい広小路に変えないといけません。中央分離帯を取

1　竹下景子「地球そのものも、いのちを持って生きているように思えてきました」

り除いて、車道を片側一車線にして、歩道を広げます。並木を二重にして真ん中に水路をつくる――。

竹下　いいですね。

松原　それで、ところどころにカフェテラスをつくるという計画。交通が渋滞するとか言っとる人がおるけれど、車自体が入りにくくするのが狙い。

萩原　関所を設けて車からはお金を取るようにするとか。

竹下　ロンドンみたいにね。

松原　大きなモータープールをつくって、一万五千台の車が市街地に入らんようにする。飯尾さんの持論だけど、自動車は性能に見合ったスピードで走れてこそ自動車。時速十キロやそこらでたらたら走らんならんようでは、自動車がかわいそう。

とき　二〇〇八年十一月二十九日
ところ　メルパルクNAGOYA

◆富良野自然塾

飯尾　愛・地球博の会場跡（モリコロパーク）を見に行かれたのですね。

竹下　高速道路を下りてから中へ入っていくところまでは、ほとんど変わっていないので、帰ってきたなあ、という感じがしました。

飯尾　「環境博」といわれた愛・地球博で日本館総館長を務められたあと、ご自身や周囲に何か変化が起きましたか?

竹下　はい、公私ともに環境に関わる活動が増えてきました。まる三年たって、たとえば今年の夏、サラゴサ（スペイン）の博覧会で、ジャパンウイークのゲストとして呼んでいただきました。サラゴサ博は「水」がテーマです。環境博としては、愛・地球博に次いでという形になりました。「登録博」の愛・地球博よりも小規模で、特定のテーマに絞った「認定博」ですが、砂漠のまちサラゴサで、水に関するさまざまな展示やイベントが繰り広げられました。愛・地球博から着実に一歩ずつ、それぞれの国がその国らしいやり方で、私たちが日本から発信したものを引き継いでくれているな、と実感できたし、うれしく思いました。

飯尾　竹下さん自身の中で、社会活動に広がりができたとか。

竹下　それもあります。その一つに、今、私は「富良野自然塾」でインストラクターを務めています。主な活動は環境教育と森林再生事業ですが、私の役割は、子どもたちのキャンプで話をしたり、一緒にご飯を食べたり。五感を働かせて自然を体感するプログラムもあります。倉本聰先生から声を掛けていただいたわけですが、これも私の中では、愛・地球博の継続事業、女優業ではないところで環境に関係する活動が続いているということですね。

♪らーらーらららららーら♪

さだまさしのバイオリンの旋律でおなじみのドラマ「北の国から」で、竹下は長年重要な役を演じ続けてきた。ドラマの舞台が北海道の富良野市だった。

富良野といえば初夏、なだらかな丘陵を紫に染め上げるラベンダーの絨毯を思い出す。雄大で繊細な自然を連想できる。富良野自然塾は、富良野在住で「北の国から」の脚本を手がけた倉本聰が、二〇〇五年に設立した。

富良野プリンスホテルがゴルフコースを閉鎖すると聞いた倉本は、そこを森に返してはどうかと考えた。ただ、苗を買ってきて植えるのではなく、近くの森から種や実生(みしょう)を採取し、育種し、植樹するという遠大な事業である。

富良野自然塾は、その「森に返す」事業に参加し、関連の作業を体験しながら、自然やいのちの本質をそれぞれに感じて、学び取る環境学習の現場である。竹下は、そこで、ボランティアのインストラクターを務めている。

飯尾　富良野自然塾は、もちろん「北の国から」の流れですよね。ロケで何度も訪れてその自然の価値を体感していたところに、万博で得たものが加わって、また新しいフィールドができたんですね。

竹下　そうそう、自然塾もこの夏で三年目になります。最初は、キャンプに来てくださったみなさんに、地球のこと——四十六億年も前に生まれていくつもの危機と奇跡を繰り返しながら、いつ死に絶えてもおかしくはなかったのに、いくつかの偶然のおかげで生き延びて、この緑の地球がある——そして、今地球が抱える問題は、私たち人類が引き起こしたものなのです、と私自身、手取り足取り教えていただいた知識を、そのまま口移しのように伝えていました。ところが、二年、三年経つに連れ、私たちが暮らす地球自体が、生命の一つのシンボルというか、実は地球そのものも、いのちを持って生きているように思えてきて、なんだか地球が愛(いと)おしくなってきました。今ここで生きている私たち人間が環境問題を引き起こしていて——。これだけ多種多様な生物がいる中で、そうやって地球の生命を脅かしているような生き物はほかにいないわけなんです。人口の爆発的な増加、人間が生きるための社会活動が、環境問題をひとえに深刻化させているわけです。もう黙っていられるわけないじゃないの、ねえ、という感じです。自分の中のモティベーションとしても高まってくるし、ぜひ、みなさんにわかっていただきたい。元をたどれば、子どもたちが自然の中で生きている実感を、できるだけ小さいうちに持つことが、頭でっかちにならないで、自然とか環境とかいうものを自分のこととして考えられるようになる、一つの大きな出発点になるのではないかという気がしています。

飯尾　「五感」という言葉がぼくにはすごくフィットしました。インストラクターとしては、塾生に知識を身につけてもらうことも大切ですが、子どもたちが自然の中に身を置いたとき、五感を駆使して、さまざまなものをまず感じられるといいますか、自然の声、地球の声を聞くことができるよう、導いてあげることですね。

竹下　七、八年前だったと思いますが、環境教育を考えるテレビ番組の取材で、フランクフルトに行きました。そして、ギムナジウムという、学校を訪問しました。

飯尾　中高一貫、高等中学校というやつですね、ケストナーの小説なんかに出てくる。

竹下　そう。すでに環境にものすごく重点を置いている学校で、算数でも国語でも、環境に関することが何らかの形で必ず、各教科の教科書に載っていました。低学年の算数でも、たとえば、ミミズ君が土の中で葉っぱを食べていました、五枚あった葉っぱのうち、三枚食べたら残りはいくつとか。土をよくするのはミミズだということをふまえたうえで、算数の問題を解かせるとか。環境を各教科から別個にしないで、入れ込んで教えています。そういう授業も見学させていただきました。現地の自然学校にも足を運んで、私たちも目隠しをしてみるとこんなにいっぱいいいろいろな音が聞こえてくるのか、とか、裸足で歩いたときの足の裏の感覚とかを味わって、目からウロコというようなことがありました。

飯尾　目隠しをして、目からウロコ！

竹下　そうなんです。今の私たちの日常生活はあまりに便利で、暑さ寒さもそうですし、五感を十二分に働かせることからあまりに遠い生活に、どんどんなっています。なので、自然塾に来ていただいたときには、まず裸足になってもらって、石ころを踏んだとき、枯れ葉の上を歩いたとき、青々とした芝生の上、丸太の上を歩いたとき、それぞれどんな感じがするかという体験から入ってもらうと、子どもたちは見事に『野生化』します。「ああ、気持ちいい」「おもしろい」って。若いお父さん、お母さんたちは、そういう感覚を親からも教わっていないし、かといってそういうところで野放しにされた経験も少ないので、目隠しされて裸足で歩くということは、ただ、ただ怖いって。

飯尾　さっきはほとんど冗談のつもりで言いましたが、いろいろなものを目で見させ過ぎるんですね。

竹下　今の情報はほとんど目から入ってくるでしょう。

飯尾　目隠しをすることで、本当に目からウロコが落ちるんですね。

竹下　見えないものが見えてくるんですね。

飯尾　それから、もう一つ思い出したのが、日系カナダ人のセヴァン＝カリス・スズキという、リオの地球サミット（一九九二年）で、居並ぶ世界の首脳クラスを向こうに回して、伝説のスピーチを残した当時八歳の女の子。

子ども環境運動（ＥＣＯ）という団体を代表して、セヴァン・スズキが全世界の指導者や大人たちに呼びかけた六分間のスピーチは、あまりにも名高い。

「今日の私には裏も表もありません。なぜって？　私が環境運動をしているのは、私自身の未来のため。自分の未来を失うことは、選挙で負けたり、株で損をしたりするのとはわけが違うのですから」

「どうやって直すのかわからないものを、壊し続けるのはもうやめてください」

まっすぐに飛んで来る透明な言葉の前に、大人たちは沈黙を強いられた。

竹下　今は大学生ですか？

飯尾　大学院を修了して、ＮＰＯのリーダーを続けています。

竹下　日本でも環境活動をしていますね。

飯尾　今年、来日した彼女にお話をきく機会がありました。彼女が言うには、日本人は自然を危ないものだと言い過ぎる。とくに川を。ほら、よく川べりや流れの中に「よい子はここで遊ばない」という立て札があるでしょう。川で遊ぶ子はどうやら悪い子らしいんです。川や森で安心して子どもが遊べる環境をつくるのが大人たちの責任だし、環境教育の役割だと思うんですが。

竹下　先ほどのドイツへは子どもたちと一緒に行ったんです。環境活動で賞をもらった小中学生へのご褒美でもありました。みんなホームステイを体験しましたが、ホストのお父さんたちは、お勤めの方もそれぞれ有給休暇をとって、子どもたちと近くの森まで家族でピクニックに出かけたりしてくれました。よくよく見ると、家庭や地域の中にちゃんとお父さんがいるんです。学校でビオトープ（生き物の生息空間）を作ろうということになりますと、お父さん方が率先して、穴を掘り、シートを張って、水も張り……ということで、あっと言う間にできてしまいます。毎日お父さんも一緒になって、ＰＨ（ペーハー、水素イオン濃度指数）いくつ、とかやるわけです。日本のお父さんは忙しすぎて気の毒ですよね。

それで思い出したんですが、うちの子どもが小学生のころに、山形県の舟形町――庄内平野の一部にある小さい町ですが――と学校同士の交流学習があって、夏の田んぼが青々としているころに、世田谷の子どもたちがおじゃまして、二晩ほど泊めてもらうんです。最上川の支流の小国川というきれいな川が流れていて、そこで川遊びをさせてくれるんです。アユのつかみ取りもします。お父さんたちがそのために、河川敷に水路を作ってくれます。東京の不慣れな子どもたちでもアユがつかめるように、臨時の川を掘ってくれるんです。だれでもとれますよね。子どもたちは、ものすごく興奮して感動します。塩焼きにしてその場でいただきます。お母さんたちは芋煮をしてくれて、ふと気がつくと大歓迎会みたいになっています。
そして、食べ終わると、川の中でお父さんが、三メートルおきに見張りに立ってくれるんです。お父さんが万全の安全態勢を敷くなかで、子どもたちは泳ぐのです。実はそのときしか、地元の子どももそこでは泳げません。大人がいないと川遊びはできないのです。それを聞いてびっくりしました。それこそ「よい子はここで遊ばない」ではないですか。そこに行くまでは、自然から遠ざけられているのは都会の子どもたちだけで、都会に生まれるってなんて不幸なんだろうと思っていましたが、目の前に川があるのに泳げないというのが地元の子どもたちで、子どもの数が少ないために、子ども同士で原っぱを駆け回るということもできず、結局家でゲームをすることになってしまいます。十年ほど前の話ですから、事態はもっと深刻になっているかも知れません。

飯尾　地方でも環境教育は必要なわけですね。せっかくの「財産」を生かせない。お父さんたちも川泳ぎの仕方を知らないのかな。

竹下　若いお父さん方は、そうかも知れません。

飯尾　五感ということでいえば、そういうところで食べたアユの味とかは、食育の最たるものだと思います。

竹下　「生き物」が「食べ物」に変わる瞬間を体験する。子どもたちは一生忘れないでしょうね。

◆名古屋で開催されるCOP10に向けて

飯尾　こんど、COP10（生物多様性条約第十回締約国会議）なるものが、名古屋で開催されることになりました。

生物多様性条約は、リオの地球サミットで調印された。二〇〇九年五月現在、百九十一の国と地域が加盟し、二年に一度、締約国会議を開いている。生物多様性、すなわち多くの生物が関わり合って共生する状態の保全、生物多様性を構成する、種、遺伝子、生態系の保全、そして、遺伝資源の利用から生じる利益の公平な分配をめざす国際的な約束事である。

単純に生き物やその生息環境を守るというよりも、生き物を資源としてどう持続的に利用していくかという課題にも力点を置いている。COP10の名古屋会議は、二〇〇二年のCOP6（オランダ・ハーグ会議）で採択された、猛スピードで進行する生物種の喪失に二〇一〇年までにしっかりとブレーキをかけるという「二〇一〇年目標」の成果を検証し、二〇一一年以降の目標（名古屋ターゲット）を決める重要な節目の会議になる。

会議そのものの成果には、もちろん大きく期待したい。しかし、会議が終わったあとに何が残るかが、地元名古屋にとっては大切だ。

1　竹下景子「地球そのものも、いのちを持って生きているように思えてきました」

温暖化防止のための京都議定書を採択した、一九九七年の気候変動枠組条約第三回締約国会議（COP3）では、多くの市民が関連行事に参画し、京都議定書誕生の地の誇りと責任にかけて、京都市が環境都市へと大きくかじを切ることができた。同様に、環境首都をめざす名古屋も、より多くの市民を巻き込みたい。

遺伝子組み換え生物の拡散に歯止めをかける「カルタヘナ（スペイン南東部の都市名）議定書」締約国会議も同時開催される。

竹下　そのCOP10は、いつから始まりますか?

飯尾　二〇一〇年の十月です。会期は十一日間（関連会議を含めると三週間）、加盟国は約百九十で、政府、国連関係者、NGO、メディア関係者など約七千人が参加します。「環境首都」をめざす名古屋で今開くことには、大変大きな意味があります。一九九七年に京都で温暖化防止の方のCOPが開かれたとき、国際会議の会場を取りまいて、街中が環境学習の場になりました。市民が会議に関心を寄せるにしたがって、温暖化問題や環境問題への関心を深めていったのです。みんなが温暖化というものを知り始めたし、それには自分たちの暮らしがずいぶんかかわっているのでは、だとすれば市民として何らかの行動を起こそうという機運も高まりました。それは今も続いていています。万博のときもそうでしたが、ただ、会議があって、世界のお客様を迎えるのではなく、終わったあとにもその街に何かを残せるような戦略を立てるべきだと思います。COPを口実に、名古屋を変えていかねばならないと思います。

東山動植物園や藤前干潟、そしてわれわれの暮らしの現場から生物多様性を考えていかねばなりません。生物多様性という言葉は難しく、抽象的で、それをわかりやすく伝えるのがぼくたちの役割なのですが、これがなかなかやっかいでして……。

名古屋は「白い街」だといわれるが、あながちそうでもない。都心から十キロ東に皇居の約四倍、広さ四百十ヘクタールの広大な森がある。

千種、名東、天白、そして昭和区にまたがるこの森は、東山動植物園や平和公園を内包し、アカマツやコナラなど針葉樹と広葉樹が入り交じる大都市の里山だ。その空を悠然と舞うオオタカを見かけることもある。約三十年前、名古屋五輪の誘致計画では、メーンスタジアムの建設予定地にされていた。名古屋のCOP10では、生物多様性のゆりかごである「SATOYAMA」として、世界へ紹介されようとしている。

名古屋市は「東山動植物園再生プラン基本構想」に基づいて、COP10が開かれる二〇一〇年までに、水田やヨシ原のある湿地、小川などを配置し、間伐を進めて、より多くの生き物が共生しやすい環境を整える。

1　竹下景子「地球そのものも、いのちを持って生きているように思えてきました」

東山の森づくりと連動して、東山動植物園の再生プランが始動した。一九三七年に開園した動植物園は、五百五十五種、約二万個体を飼育する日本有数のスケールだ。規模ならば、北海道の旭山動物園を遙かに凌駕する。史上初の万博会場だったロンドンの水晶宮を模したという、現存するものでは日本最古の大温室（二〇〇六年、国の重要文化財に指定）を有し、かつては「東洋一」のほまれも高い、名古屋市民の誇りであり、憩いの場所とされてきた。

敗戦後、日本でただ一つゾウが残った動物園だった。「ゾウが見たい」子どもたちを乗せて全国から名古屋をめざした象列車は、絵本や歌になった。

再生プランの理念は「生命（いのち）をつなぐ」。ただ見せればいいというだけでなく、「人と自然をつなぐ場」としての役割を追求する。

第一弾として二〇〇九年三月、チンパンジーの樹上生活を再現した新園舎が公開された。「再生」という言葉には、単なる模様替えにとどまらず。まったく新しいものになれとの思いをこめた。完成は、開園八十年の二〇一七年。竹下は〇六年、東山動植物園再生検討委員を務めた。

飯尾　これまでにいろいろな人が（生物多様性という）言葉を言い換えてきたなかで、ぼくは「いのちのにぎわい」というのが、一番気に入っています。「沈黙の春」の反対ですね。それから、感覚的には、金子みすゞさんの「わたしと小鳥と鈴と」という詩の中に出てくる「みんな違って　みんないい」。あれこそが生物多様性なんだと思います。「自然保護」という小さな枠、こんなことを言うと自然保護に取り組む人に怒られますが、自然保護だけでは生物多様性のフィールドとしては小さすぎると思うんです。「多様ないのち」ということになれば、人間同士もそうですし、多様な生き方も含まれます。社会というのはその多様な生き方をそこに預けるようなところがある。ＣＯＰ10は、こうしたことをさまざまな角度から考えるいい機会ではないかと思うんです。倉本先生のお考えでも、森から学ぶのは自然保護のありかたなのではなくて、人間の生き方なのだと思います。ＣＯＰ10でも、それができればいいと思うんですが。

竹下　それこそ「ハチドリのひとしずく」なんですが、富良野自然塾では、毎年計画を立てて植樹をします。でも、それよりもはるかに多くの種子が、実生といって自然に芽を出すわけです。ただ、落ちた場所が悪いと育たなかったりもするので、実生の段階の、芽を出したばかりの、それでも二年ぐらい経っているものを、私たちが見つけて、もう少し環境のいいところに移してあげて育てて、それを植樹します。倉本先生がおっしゃるのは、自然がやっていることに比べれば、われわれ人間ができるのはごくわずかなことだけど、居ても立ってもいられなくてということなんです。人間のできることの小ささ、それに比べて自然のサイクルの大きさ。自然は、人間の物差しでは計り知れない懐の深さ、大きさを持って動いているということを、同時に体感する場所でもあるわけです。そういうところに行けるだけでも、私は恵まれているなって思います。

ＣＯＰ10の期間に、人間はピラミッドの上にいるのではなくて、実はそうではないんだというメッセージが出せればいいですね。

「ハチドリのひとしずく」は、南アメリカの先住民に伝わるお話として、文化人類学者の辻信一が日本に紹介した。

ハチドリは、体長二、三センチのものもある世界最小の鳥類。森が火事。動物たちは逃げていく。だが、小さなハチドリだけが、ひとしずくの水を運びながら、火を消そうと飛び回る。

あざ笑う動物たち。でもハチドリはこう言った。

「私は、私にできることをしているだけ」

飯尾　ピラミッドの頂点は強さの象徴なのではなくて、それだけ多くのものに支えられないと生きていけないという存在のあかしなんですね。きっと。人間は、多様ないのちに支えられて、やっと生きているんだと。

竹下　わあ！　逆の意味でのピラミッドなんですね。

飯尾　COP10では、そういったことに気づいてもらう仕掛けが必要ですね。名古屋だから、都会だからできることってあると思うんです。都会の人々はずっと自然に対して傍観者であり、それを守ってあげるとか、味わうとかいう存在でした。でも、よくよく考えてみれば、都会の住民こそ、衣食住すべてにおいて、生物多様性の恩恵を受けながら生きているわけです。特に食べ物なんか。そういえば、このあいだ「おくりびと」という映画を見ました。

竹下　私、まだ見ていません。いかがでしたか。

映画「おくりびと」（滝田洋二郎監督）は、家族のもとから死者を美しく送り出す「納棺師」の世界を描いている。このあと、二〇〇八年の米アカデミー賞外国語映画賞を日本映画として初めて受賞し、爆発的にヒットした。

飯尾　最初は気が重かったんです。でも見た直後、冗談抜きで死ぬのが楽しみになりました。みんな本当にきれいに送られていくんです。人の死をこんなに美しく描けるものなんだなあと、つい見とれてしまうほどでした。「死」が美しく描かれるのは、その背景にすばらしい「生」があるからです。全うされた人生を描ききっているからです。生きてることはもっとすばらしいというメッセージがあるからです。

主演の本木雅弘さんがある事情で納棺師の仕事を辞めようとしたときに、社長の山崎努さんが「まあ、メシでも食ってけ」と言って、目の前でフグの白子を焼いて食べさせます。そして「人間っていうのはなあ、いのちを食べなければ生きていけないんだ。困ったことにな」とつぶやきます。これがよくて。

竹下　ああ、なるほど、困ったことに。

飯尾　そう、困ったことに。

「おくりびと」では、さまざまな人生の終焉が描かれる。だが、同じくらい頻繁に食事のシーンが現れる。人は生きるために食べている。食べなければ生きてはいけぬ。「食」はまさに「死」の対極にある「生」の象徴として描かれる。人間のいのちをつないでくれる生き物への敬意が画面からにじみ出てくるようだ。フグの白子。まさにいのちの源、いのちの固まりではないか。困ったことに――。

飯尾　「困ったことに」がものすごくいいんです。

竹下　役者ですねえ。

飯尾　役者です。緒方拳亡きあと、山崎努は日本最高峰の男優だと思います。もちろん女優は竹下景子。

竹下　削除してください。

飯尾　いのちをいただく恩恵、質、量ともに多いのは、都会だと思います。

竹下　そうですね、そのことをちょっと考えなさすぎてますね。

飯尾　この部屋にも木がたくさん使われていますし、畳はイグサですよね。すべていのちの恩恵です。多様性のバランスが崩れたとき、一番もろいのはピラミッドの頂点です。だから、都会で考えるべきなのです。

竹下　そうですね。

飯尾　今うかがった富良野自然塾のノウハウを、ＣＯＰ10でぜひ名古屋に伝えてください。東山の森で竹下さんのインストラクターで自然教室ができたら、本当にいいですよね。

竹下　東山バージョンを勉強しないといけませんが。

飯尾　そうやってみんなで勉強していくって、すばらしいことだと思います。

竹下　ものすごく楽しいです。

飯尾　ふるさとの身近な自然に思い出はありますか。

竹下　実家が転々としていまして、生まれたのは東区のまちなかでした。次に引っ越ししたのは緑区の新興住宅地で、今思うと高度経済成長のまっただ中に団地に引っ越して、周りを見渡せば、田んぼはありませんでしたが、畑はありました。里山もありました。小川もありました。メダカをすくいに行ったりとかはしていました。

飯尾　名古屋でも、割と四季はくっきりしていたようですね。

竹下　私の小学校時代はそうですね。冬になるとちゃんと校庭にも雪が降り積もり、授業をやめて雪合戦をしたりとか。

飯尾　ぼくは、ＣＯＰ10を機に、四季のうつろいがいかにすばらしいかを思い出してもらうだけでもいいと思うのです。よく田んぼは生き物の「ゆりかご」で、生物多様性の象徴のようにもいわれます。一説によると、微生物まで含めれば六千種類の生き物がひしめいているそうです。田んぼにかかわる言葉を集めるだけで、歳時記が一冊できてしまいます。

竹下　そうでしょうね。

飯尾　農作業にまつわる言葉だけでも、歳時記を編むことはできるでしょう。田んぼとは、暮らしと自然の接点です。

竹下　そういうふうにとらえる自然観、日本人の感性はずば抜けていて、生活の延長に自然があります。自然というのは、レクリエーションとか冒険のステージだけではなくて、生活そのものがもう自然なのだということを、愛・地球博で改めて知りました。だから、昔ながらの生活はエコなんですよね。田んぼの営みもまさにそうですね。棚田を耕して収穫している農作業では、決して自然破壊は起きませんでした。人間の営みと自然とのバランスが非常によかったわけです。それがいつの時代からか、機械も大型になって、石油に頼らなくてはならなくなりました。そういたツケが、今、回ってきています。古来から西欧社会では人と自然とは拮抗、時には対抗しているようにさえ見えます。日本が誇れるのは、昔から人間の中に自然が、自然の中で人間が無理なく息づいていることです。里山もそうですよね、人間が手を加えることで、自然がもっと生き生きしてくる。それこそ多様性がそこで育まれるというような、日本人本来のこの感性、これらも含めて日本が世界に訴えていけるものって、たくさんあると思います。

飯尾　本当にそうですよね。

竹下　日本はもっともっと自信を持って、世界に発信していけばいいんです。

飯尾　COP10をそういう機会にしたいんです。闘争の時代から協調の時代へ、西洋的な自然観は、どうしても自然と対立的になりますから。

竹下　そうなんですね。

飯尾　山登りでも、頂上にアタックするとか、頂上を極めることを「征服した」というあの感覚は、西洋のものだと思います。日本人にとって山は仰ぎ見るもので、富士山は「霊峰」です。日本最古の神社といわれる奈良県桜井市の大三輪神社は、三輪山そのものを御神体にしています。山に向かって鳥居を建てて神域を定めた、神社のルーツのようなつくりです。それだけだと、自然と人とを分かつものかも知れません。しかし、峻厳な山々は畏敬の対象でもありましたが、生活の糧を与えてくれるという意味で、衣食住すべてを山が賄ってくれるという意味で、守るべき対象だったのではないでしょうか。神域にして、守る。そういう知恵が働いたんです。先人たちは。里山の中腹に、よく唐突に小さな鳥居が立っていたりするでしょう。そういう場所は、水源なんですね。水がわき出ているので、そこが荒らされないように聖域化したわけです。

竹下　ええっ、そうなんですか。すごくわかりやすいですね。

飯尾　わかりやすいんです。賢いんです。日本人というのは。しかも、自然に対する畏敬と親しみのバランスがほどよくとれています。バランスのとれた名古屋になってほしいと思います。

竹下　そうですね。

◆名古屋の街育て

飯尾　先ほど、実生のお話がありましたが、市長が育ててみえるのをご存じでしたか？

竹下　いいえ、知りませんでした。

飯尾　裏木曽のヒノキの実生の鉢を市長室に置いて、毎日、それを眺めるのが楽しみだって。

竹下　そうなんですか。

飯尾　旧加子母村、今は岐阜県中津川市ですが、そこに「山守」の家系が続いています。その方からいろいろ聞いて育ててみえますが、竹下さんも同じようなことを言っていらっしゃるのが不思議でした。

竹下　今このあたりに、市長が乗り移っているかも知れません。

木曽谷の西を裏木曽という。古くから良質のヒノキの産地として知られ、江戸時代には尾張藩の飛び地とされた。江戸城築城の資材もこの森から切り出した。十七世紀後半、乱伐により枯渇の危機にさらされた。そこで裏木曽の山をよく知る庄屋を山守に任じ、十分に取り立てた。山守は山を見回り、計画伐採を管理した。

加子母には「六十六年一周の仕法」という森林管理のノウハウがあった。六十六年で一巡するよう計画的に伐採すれば、天然更新によって加子母の森が維持できるという経験則だった。今はやりの持続可能な開発の「ルーツ」である。

中津川市林業振興課の内木哲朗さんは、山守家二十代目に当たる。今も山を守っている。山を守るということは、山が生み出す清浄な空気や水を守っているということにほかならない。木曽川下流の名古屋市民も、山守に守られている。名古屋城本丸御殿も、加子母のヒノキで再建される。

飯尾　そういうことも含めて、環境首都をめざす名古屋は、看板になっていただくという意味だけではなく、竹下さんのような方の助力を必要としています。知識以外にも先ほどおっしゃったような五感の部分、要するに、こころの部分をちゃんと伝えられる方に、名古屋の街づくりといいますか、街育てにかかわってほしいと思います。さて、そこで、まず、ふるさと名古屋に、どんな街になってもらいたいですか。

竹下　私は、名古屋というか、愛知のほどよい田舎度を大切にしてほしい。

飯尾　それは、貴重ですね。

竹下　大都会としての「顔」もあるけれど、中心部をちょっと離れれば、海上の森のような自然もちゃんとあるわけです。それが残せるかどうか、今ぎりぎりのところかも知れませんが、ぜひ、この絶妙のバランスを大切にしてほしい。ずっと住んでいる人には当たり前で、生まれたときから変わらず見てきた風景には、そんなにありがたみを感じないかも知れません。ところが、外に出てしまった人間からすると、一度バランスが崩れてしまったら取り返しがつかないという危機感があるわけですし、愛・地球博で、自然や環境の美しさとか、大切さとか、大きさとかに、みんなが気づいたはずですね。これはもう、ぜひ大事にして、失ってほしくない部分です。私たちは外側からいろいろ言いますが、やはり核になるのはそこで暮らしておられる方々です。まず名古屋に今住んでいる人たちが、私たちは、こういう環境首都にしたいと、明確な意識とビジョンを持つことが大切です。ビジョンがアクションにつながっていけばいいことですよね。私ももちろん、できることは何でもさせていただく覚悟でいます。私にとっても、環境首都ができたらすごいと思うし、ぜひ実現させたいです。

飯尾　外からの目や声が、どうしても必要です。しかも、名古屋をよく知っていて、なおかつ愛情を注いでくれるような人たちの視線や提言が。この地域は、かなり独自な発展史を歩んできたような気がします。大阪のように東京を強く意識することなく、気候的にも、生活資源的にも、経済的、文化的にもある程度自己完結できる恵まれた土地柄ですから。その反面、それが当たり前すぎて、自分たちが暮らす風土の価値に気づいていない部分も多いと思います。

竹下　そうですか。

飯尾　「名古屋モンロー（孤立政策をとった米大統領の名前にちなむ）」、つまり孤立主義という言い方もされますが、不思議にそれで成立してしまう街なのです。この地域は、人間を養えるという点では、日本で最後まで生き残れる地域だと思います。

竹下　恵まれてますからね。

飯尾　気候に恵まれ、東京、大阪にもほどよく近い。京都なら、らくらく日帰り観光圏、濃尾平野の田畑の幸、伊勢、三河湾の海の幸、奥三河の山の幸、木曽三川の水や川の幸にも恵まれ、日本海にもアクセスしやすくなりました。新しい国際空港もできました。高速道路の結節点にもなっています。名古屋から二十分も車で走れば、豊かな田園や山間地の風景が展開される。何でもありすぎて、地理的に恵まれているという感覚が薄れてしまいがち。

竹下 そんな都会はほかにはありません。

飯尾 以前に萩原さんからもきかれたそうですが、竹下さん的環境首都のイメージは？

竹下 「首都」というのは、日本を代表するまちという意味ですか。

飯尾 そうですね。日本中に誇れるということでしょうか。環境に関しては名古屋がトレンドや情報の中心になるとか、先進的であるとか、よそのまちのお手本にされるような名古屋になろうということでしょうか。フライブルクがそうでしたから。

竹下 フライブルクのようなまちができたのは、繰り返しのようですが、そこに住んでいる市民ひとりひとりの意思決定があったからですよね。日本人って上から言われるのが好きで、ひとりひとりが自ら手を挙げて何かを言ったり、まして行動したりするのは、不得意とされてきました。でも今まではともかく、これからは意思表示が必要です。五十年後、百年後に自分ならどういうところに住みたい、どういう街に住みたいのかというはっきりした意思表示ができないと、街はできていかないような気がします。

ドイツは脱原発をいち早く決めてからは、環境に関して民と官が並行して方針を出し合い、街づくりを進めています。答えは一つではありません。では、名古屋はどうしたらいいかということは、ひとりひとりの生き方にかかわってくるものです。もちろん、個人主義に徹しろと言うつもりはありませんが、緩やかな個人主義というものも、これからは必要になってくると思います。ただ、名古屋がもともと持っている地域のネットワークというのでしょうか、それはなくさないでほしいのです。

飯尾　市長が言う「根魚名古屋人」ですね。

竹下　それが名古屋の個性ですから。それがあったから、ごみの分別も非常にうまくいったんですよね。東京のように人が外から入って来るし、同様に出て行く人も多いようなところでは、ごみの分別一つにしても、なかなか定着していきません。常にだれかが旗を振っていないと、根付いてくれないところがあります。名古屋には、持って生まれた地域のネットワークがありますから、それを上手に活用して、そのネットワークの中で、それぞれが発言していく。こういう街がいい、こういう暮らしがいい、こういう五十年後の名古屋がいいと言い続けていけば、みんながめざす都市のかたちが見えてくるのではないかと思います。名古屋にふさわしい独自の都市スタイルを、これからみんなでつくっていく必要があるのではないでしょうか。

飯尾　ご存じかも知れませんが、フライブルクには、「ブント」というドイツ最大の自然保護団体が運営する「エコステーション」という環境教育の拠点があります。そこで聞いた女性スタッ

1　竹下景子「地球そのものも、いのちを持って生きているように思えてきました」

フの言葉が忘れられません。「人は市民として生まれるのではなくて、市民になっていくのだ」と。環境教育とは、市民になるための教育なのだと思います。虫や魚の名前を覚えるとか、アウトドアライフに親しむということ――もちろん、それも一つの要素ではありますが――それだけではなくて、他者との協調のなかで、自立した意思を持って自立的に行動できる市民を育てる仕掛けが必要です。たとえば、富良野自然塾のような。

竹下　私の富良野での活動も無駄ではなかったようですね。

飯尾　富良野で得たノウハウもぜひ名古屋へ持ち込んでくださいね。短期間でもいいですから。そういう仕掛けがあってこそ、街づくりにも、COP10にも、多くの「市民」が参画できると思っています。

竹下　仕掛けづくりが大切ですね。

2

柳生　博
「確かな未来は、懐かしい風景の中にある」

柳生　博（やぎゅう　ひろし）

一九三七年生まれ。茨城県出身。

一九六一年、映画「あれが港の灯だ」でデビュー以来、数々の映画やドラマに出演。ＮＨＫ朝のテレビ小説「いちばん星」の野口雨情役で一躍脚光を浴びる。また、一九九二年から十年間つづいたＮＨＫ「生きもの地球紀行」のナレーションも担当。

山梨県八ヶ岳南麓（北杜市）に居を構えて三十年あまり。荒れ果てた人工林を元の雑木林に戻し、その林を開放した「八ヶ岳倶楽部」に、年間十万人以上が訪れる。森に暮らし森に学ぶ楽しさ、親から子、子から孫への伝承、日本の里山の大切さを日々実感している。

とき　二〇〇七年四月二十八日
ところ　八ヶ岳倶楽部

◆魂の置き場

「やあ、いらっしゃい」

柳生博は、鳥のように両手を広げて迎えてくれた。

柳生はここ八ヶ岳倶楽部では「パパさん」と呼ばれている。森の暮らしにあこがれ、柳生を慕って全国から押しかけた若いスタッフたちにとって、柳生は「パパさん」以外の何ものでもない。雨だった。外の景色が見えないほどの雨だった。

「大丈夫、もうじき上がるから」

レストランの一角にある、温室のようにガラスで囲ったテラスに落ち着いた。くつろいだ柳生の笑顔に誘われて、長い長い午後の時間が始まった。

飯尾　これだけのものをつくるのはもちろん、この場に定着させるって、すごいことですよね。風景にすっかり溶け込んで、まるで最初からここにあったかのように。

柳生　あの道路からこちらに森を造ったら、自然に人が集まってきた。それで、レストランやギャラリーをつくろうと。才能のある、でも無名の作家たちの発表の場になるように。雨が上がったら見てもらうけど、ここはもともとカラマツ林だったんです。人工林で花も咲かない、鳥もいないところだった。そういうのは嫌いでねえ。雑木林をつくろうと考えた。人工林を切って、自然の木を植えてと、三十一年やってきた。そしたら、おもしろいように、花が咲いて、鳥が訪ねてくれるようになってきた。いろいろな広葉樹林を植えていくうちに、人工林を植える前、もともとここがそうであった、そうであるべき状態に戻ってきたんでしょうね。そしたら、花が咲いて、人も集まってきてくれたんで、その人たちが歩けるように道を造った。

八ヶ岳倶楽部は一九八九年、柳生が八ヶ岳南麓の自宅近くに開いたレストラン兼ギャラリーだ。

建設は八四年ごろから始まった。俳優業の合間を縫って自ら人工林を切りひらき、カエデ、シラカバ、アオハダなど広葉樹を移植した。林間には、古い線路の枕木を並べて舗道を敷き、廃棄された電柱をリサイクルして山小屋を建てた。

松原　どうして木を植えようと思いましたか?

柳生　話せば長くなりますが……。役者っていうのは、突然売れ始めることがあります。人気者になる。テレビの人気番組に出演したというだけで、突然、パンツ一丁で売れ始めるわけですよ。ぼくの場合、それが三十九歳のときでした。それまで長い間全然売れないで、かみさん（女優・二階堂有希子）のひも、みたいだった役者が急に売れたわけ。今、松原さん、モテてるかも知れないけれど、そんなレベルじゃない。たとえば、名古屋に仕事があってホテルに泊まると、どこで聞いてきたのか、ぼくの部屋の両脇はファンで埋まっちゃう。外を歩けばこづかれたり、つかまれたり。そうなると、だいたい家族が変になる。まず奥さんが少しおかしくなって、子どもがグレてくる。これはやばいと思って、かみさんと二人の息子を引き連れて、ぼくの「魂の置き場」に逃げてきたんです。このあたりは昔から、ぼくが自分を取り戻す場所でした。

俳優座養成所出身の柳生は、青春ドラマの脇役などを幅広くこなす中堅俳優だった。ところが一九七七年、ＮＨＫの朝の連続テレビ小説「いちばん星」で、実在の作詞家、野口雨情役を演じてブレイクした。平均視聴率37・２％というお化け番組だった。

飯尾　時代の波に乗りすぎると、自分が自分でなくなっちゃうんですよね。

柳生　そうですね。ぼく自身は何とかなるんですよ。でもちっちゃな子どもたち、長男がまだ小学三年生だった。彼らが、あーっ、壊れちゃう、壊れちゃうって感じになって――。

萩原　壊れていくって感じが持てるだけ、やっぱり正常だったんですね。多くの人たちは、壊れていくことを知らないままに壊れてしまう。

飯尾　ずいぶん前のことですが、新聞で柳生さんのインタビューを読みました。お子さんが、虫を殺そうとしても、しからずに見守っていたというお話です。手足をいじったり、羽をもいだり――。そして最後に動かなくなった虫を前にして、いのちはもろく、一度失ったらもう元へはもどらない。だから大切にしなければならないということを教えたと語ってみえました。すごく印象的な記事でした。それが確か、八ヶ岳の出来事でした。

松原　東京から八ヶ岳までの二時間で、「仕事モード」が切り替わると言われていましたね。

柳生　ドラマとかを何百本とやっていたころですが、できるだけ早く仕事を終わらせて、子どもたちを車に乗せて、八ヶ岳へやって来て、木を植える。子どもたちは残酷なことも、よくやっていましたが……。東京にいると、親父ってのは、やっぱりろくでもないもんでね。おれは割といい親父のつもりでいるけれど。でも、こっちへ来るとちがうんだな。草や花の名前もよく知ってるし、鳥はもちろん、魚にだって詳しいし、野良仕事したって力がある。だって、そういう家に生まれたんだもん。里山のことは、じいさんにいろいろ教えてもらってきたし。そういう親父を、かみさんも、息子たちも、見たことがなかったんだね。だから、余計にかっこよく見えたんだね。ぼくは東京にいるときは、いまだにかっこ悪いんだよね。

松原　そもそも、どうして八ヶ岳だったんですか？　「魂の置き場」というのは？

柳生　実は柳生家には家訓があって、十四歳のときにひとり旅をしなければなりません。中学二年生のときに一カ月間、茨城県霞ヶ浦の家を追い出されるわけです。一カ月帰ってくるなと。その旅でたどり着いたのが八ヶ岳。単なる第二のふるさとではなくて、感受性の豊かなときに、体一つで放り出されたところ。

萩原　偶然たどり着いた場所？

柳生　ぼくは地図を見るのが大好きな子どもだった。地主の息子だったんです。地主って、お百姓さんから搾取する悪者のイメージがあるけれど、実際は里山の管理人。小さいころから、植物とか昆虫とか鳥とか魚とかのことを、周囲から徹底的に教えてもらえる環境にありました。季節のうつろいとか、天候のことなんかも含めて、物心ついたときには、周囲の自然のことはほとんど知っていた。関東平野、比較的海に近い平野部の自然については。だから、地図を見て、等高線がぎゅっと詰まった高地、身の回りにはない自然をめざして旅に出た。もっと高いところ、もっと別の自然、その変化に出会いたかった。コナラの木が標高千メートルを超えるとミズナラに変わるとか、茨城県とか関東地方では見られないシラカバが、そこには普通に生えているとか、小生意気にも知識として頭に詰まっていることを、実際に見てみたかった。

飯尾　それで、日本一高いところを走る小海線？

柳生　そうなんです。リュックサックに下着二、三枚と歯ブラシ、それにそのころ凝っていた油絵の道具を詰め込んで、あとは毛布が一枚だけの貧乏旅行。小海線沿線をさまよいながら、夜になれば駅舎で眠る毎日でした。そこで、初めて大人に会った。

萩原　大人に会った？

柳生　そうなんです。正しくは大人たちと正面から向き合った。駅舎で寝泊まりする少年のうわさが広がると、地元の大人たちが珍しがって様子を見に来るようになったんです。そして「何やってんの、坊や」と声をかけてくれるんです。うちには、こういう家訓があって、家を追い出されたと言うと、「ひどい家だなあ」と笑いながら、「たまには、風呂でも入りに来いや」と誘ってくれました。

松原　それで、大人に出会ったと。

柳生　そうです。大人ってすごくやさしい。子どもとまっすぐ相対したとき、大人ってすっごくやさしくなれるんだということを知らされました。

飯尾　柳生さん自身もそういう大人になった。

松原　だから、八ヶ岳は「魂の置き場」。

飯尾　家族が危機だと思ったとき、ここへ足を向けられたのはわかるような気がします。ここでなら、一人の大人としてお子さんたちと、まっすぐ向き合うことができると、本能的にわかってみえた。しかも、ここにはご自身の原点ともいえる自然がある。

◆雑木林はドラマティック

午後三時、「今日はみなさんがいらしたから、特別に許してもらいましょう」と、柳生は缶ビールをあけた。三人の前には、八ヶ岳倶楽部名物、フルーツティーが運ばれた。七種類の果物を透明なガラスのポットに入れて出す。「ママさん」こと、加津子夫人のオリジナル。時間とともに紅茶の色も、香りも変化する。

柳生　ぼくは幸せな人だってみんなに言われるわけ。そうじゃない。ここが幸せなの。この場所が。

飯尾　この場所には遠くから人を集める力がある。

萩原　場所もあると思うけど、その場を維持する人の力、つまり経営力、経営の仕方が自然で、無理がない。なんだか市民活動みたい。

松原　東山の森に、こういうのができないかなあ。

柳生　田んぼがあって、小川があって、雑木林があって、野良仕事をする親父がかっこよく見えて――。そこで子どもたちも田植えをやったり、魚を捕ったり、カブトムシをつかまえたり。

そんなことが可能な里山は、この日本にしかないんだよ。

萩原　松原さんにとっての原風景、原体験は？

松原　矢田川の川原、そして川の中。当時は矢田川も今よりずっときれいでね、川底の砂の中にスナクジ（カワハゼの一種）という魚がすんでいた。それを、ぶちゅっとふんづけたときの何ともいえないあの感触！

飯尾　それは、もう一生もんだ。

松原　そう、一生もん。それが生き物に関する一番の原点。田植えにも稲刈りにも連れて行かれた。親父は田んぼの外に座ってしゃべっとるだけで、ろくに何もしなかったけど。

柳生　ああっ、雨が上がったようだ。ちょっと、庭に出てみましょうか。

ギャラリーとレストランの間に挟まれた、広い庭に出た。柳生は「坪庭」と呼んでいる。外から見ると、草屋根がすっかり建物になじみ、丈の高い雑草がそこから何本か伸びていた。若手園芸家として売り出し中の柳生の長男真吾が、庭の様子を見に来ていた。真吾は言った。「雑木林は劇的で、僕も毎週、違う季節に出会えます」

庭を散策するうちに、雲間から日が差してきた。風が強い。雑木林はドラマティックで、一日のうちにすべての天気を味わうこともできるらしい。

シラカバの幹には巣箱がかかり、セキレイやシジュウカラがちょこまかと遊んでいた。カタクリの花が満開だった。

松原　ここへ来ると、何となく懐かしい気持ちになるんです。

萩原　ぼくは初めてだけど、何となく同感です。

柳生　そうなんです。確かな未来は、懐かしい風景の中にあるんです。

松原　ＣＯＰ10では、里山の風景の中から確かな未来を発信したい。

柳生　ＣＯＰ10は、大変な会議になる。いや、しなくてはいかん。名古屋を巨大なステージにしてくださいよ、松原さん。日本というのは特異な国で、こんなに多様な生き物と共生できるのは、先進国では日本だけじゃないですか。日本は素敵だと世界に胸を張る絶好のチャンスでしょう。

松原　おおっ、日本野鳥の会会長の顔になりました。

柳生　ぼくは、コウノトリファンクラブの会長でもあるんです。コウノトリは、もともとどこにいましたか？　里山ですよ。里山には、田んぼがあり、小川があり、雑木林があり、人間が住む集落があって、そのつながりの中でコウノトリも生きてきた。

うれしいことに、うれし死にするんじゃないかってくらいうれしいことに、兵庫県豊岡市でコウノトリの雛が一羽かえりました。豊岡市は四十数年前に、自然界で育った日本最後のコウノトリが捕獲された場所。野生のコウノトリが絶滅したあと、ロシアから六羽をいただいて、人工飼育で増やしてきました。なぜコウノトリがいなくなったか。農薬の普及で安全な田んぼが減ったから、コウノトリが安心してえさを採れるような田んぼが少なくなったから。だからぼくらは豊岡でも三つのことを言ってきた。農薬を使うのをやめよう。化学肥料をやめよう。冬でも田んぼに水を張ろう。そうすれば、田んぼにえさが戻ってきて、コウノトリも繁殖できる。コウノトリもトキももともと、その辺に当たり前にいる鳥だった。古い日本画に、松の枝にツルが止まる姿を描いたものがある。あれ実は、コウノトリの間違いなんだ。ツルは足の爪の構造上、あんな風に枝をつかめない。コウノトリは、ちょっと前まで、木の枝なんかにとまっているのを普通に見かける鳥だった。だから、松原さん、COP10をきっかけに、東山動植物園、とくに植物園を、名古屋にもともとすんでいた生き物がにぎやかに帰って来られる場所にしてほしい。メダカが帰り、チョウチョが帰り、そしてコウノトリが舞い降りてくるような場所にしてくださいよ。

二〇〇七年七月三十一日、コウノトリの雛は立派に成長し、自然界に巣立っていった。国内では四十六年ぶりのことだった。

3

柴田昌治

「地球の生態系を守るための商品を作り出し、世間のためになるような会社になりたい」

柴田昌治（しばた　まさはる）
一九三七年生まれ。愛知県名古屋市出身。名古屋大学法学部卒業。一九五九年、日本ガイシ株式会社入社。一九九四年に代表取締役社長就任。現在は代表取締役会長。二〇〇六年からグレーター・ナゴヤ・イニシアティブ協議会会長として、名古屋市を中心とする半径百キロメートル圏内への海外企業誘致に取り組む。新たなテーマとして、四季の風景が美しく、食べるものも美味しい日本の観光資源を継続して海外にＰＲすることにも力を注ぐ。

とき　二〇〇九年五月十九日
ところ　日本ガイシ株式会社本社

◆「エコロジー」にしようと提案

名古屋市瑞穂区の日本ガイシ本社ビル一階受付のデスクには、「環」という文字をあしらった表彰盾が置いてある。

日本ガイシは一九九九年のごみ減量市民大集会で、NTT、トヨタ自動車とともに優良事業所として表彰された。そのときの記念である。前年度の本社ビルごみ資源化率は88%、紙類だけなら、ほぼ100%を達成した。

飯尾　初めて会長の環境論をうかがったのは、一九九七年、(温暖化防止)京都会議の年に名古屋であった国際環境シンポジウムに、パネリストとして出ていただいたときでした。

中日新聞社主催の国際シンポジウム「甦れ、ニッポン～環境先進国をめざして」に、柴田は、作家の大江健三郎、ロンドン大学教授のロナルド・ドーア(当時)、コロンビア大学教授のジェラルド・カーチスらとともに、登壇した。

柴田は「『もったいない』という概念をもう一度、見直してほしいと思います。われわれ

3　柴田昌治「地球の生態系を守るための商品を作り出し、世間のためになるような会社になりたい」

は周囲から『もったいない』と言われ続け、物を大事にして育ってきました。私たちが生活態度から変えていかないと、何も動いていかないと思います」と訴えた。

ケニアのノーベル平和賞受賞者ワンガリ・マータイが「MOTTAINAI」をはやらせる、六年前の発言だった。

柴田　やったねえ。

飯尾　そのころはまだ、環境や環境経営を一般論として語る企業人はあまりいませんでした。そのなかで柴田会長は、環境の心や環境経営を語る企業人の草分けの一人だと思っています。経営の実務でも精神面でもけっこうですが、最初はどうして環境に着目されたんですか?

柴田　日本ガイシという会社はご存じの通り、森村グループの一員です。洋食器のノリタケから始まっています。一九一九年に日本陶器（ノリタケカンパニーリミテド）のガイシ事業部門が独立し、その後、うちから日本特殊陶業が生まれた。同じように日本陶器からＴＯＴＯができた。みんな陶磁器に関係しているわけです。

ガイシは、たとえば送電線と、それを支える鉄塔との間を絶縁、つまり電気が通らないようにするために用いる道具で、多くは磁器が使われる。

森村グループは戦前、森村市左衛門が創設した、日本陶器を中心とする森村財閥が母体である。

日本ガイシ、TOTO、ノリタケ、日本特殊陶業、大倉陶園などからなり、二〇〇一年にINAXがトステムと経営統合して離脱したあとも、世界最大のセラミックス企業グループだ。

柴田　私が会社へ入ったのは、一九五九年、伊勢湾台風の年でした。私はここで五十年、サラリーマンをやっているわけです。当時の日本ガイシはガイシばっかりやっていました。「環境」とはまったく関係なく、売り上げの95％をガイシ部門が占めました。電力需要が急速に伸び、日本中に送電線を張り巡らしていたわけだから。ところが、私が入社した年に、四代目社長の吉本（熊夫）が亡くなり、五代目の野淵（三治）が社長に就任しました。野淵は、「いつまでもガイシだけではやっていけない。多角化をしたいということで、十年後にはガイシ六割、非ガイシが四割までもっていきたい」という方針を出しました。ではガイシ以外に何をやろうか、とにかくいろいろなことをやろうということになって、新商品事業部というのをつくったんです。そこへ入社一年目の私が配属されました。いろいろなものにトライしました。

実際にそれが「環境」という形になって表れるのは、水道なんです。あまり知られていませんが、日本ガイシは水道に大きくかかわっているんです。砂でこして上水をきれいにする砂濾過装置の基台の部分、あれは名古屋でも、愛知県でも、東京都でも、１００％近く日本ガイシが作っています。そうやって水をきれいにする事業を中心に、環境装置事業部というのをつくったんです。それが「環境」の始まりでした。ぼくはそれをずっとやっていたんです。だから、社長になったとき、「下水道のセールスマンが一部上場企業の社長になった」と言われたものでした。

そして、ぼくの前、八代目社長の小原(こはら)（敏人）が就任し、時代が昭和から平成に変わり、「日本ガイシの将来像を考えよう」ということで、新しい長期経営計画をつくることになりました。そのときに21世紀の主力事業として三つの柱を立てました。Environment（環境）、Energy（エネルギー）、そしてElectronics（電子）の三つです。この三分野の関連製品を作ろうと。これらを柱にした長期経営計画は、小原さんの名前をとって「Kプラン21」と命名されました。二十一世紀にふさわしい会社にしようという意味合いを込めて。

そのときぼくは、EnvironmentよりEcology（エコロジー）にしようと提案したんですが、当時二十数人いた役員は、だれもエコロジーなんて言葉を知りませんでした。ぼくはアメリカ帰り（一九八一年から四年間、米国駐在）ですから、よく知っていましたよ。エコロジーは、Environmentよりも少し定義が広くて、地球の生態系をよくするという大きな概念を包括した言葉、そっちにしようと提案したら、小原さんが「アメリカ帰りの柴田が言うんだから、それにするか」ということで、採用されたんです。

それ以後、ずっとうちはエコロジーを基本にやってきています。その三年くらいあとに、当時の東芝の役員さんから、「うちもエコロジーでいこうかと思っていたが、ガイシさんに先を越されたよ、しゃれたことを言うね君は」と冷やかされたほど、産業界では新しい概念でした。

それ以来、日本ガイシは「環境」を一つのメシの種にして、社会に資する会社になろうということになりました。

飯尾 本業で「環境事業」を起こしたことが、「環境経営」という理念に進化していったのですね。そういえば、役所の中にも上下水から「環境」に関心を持って、ごみや自然保護へと興味を広げていった人はけっこう多いと思います。水は生物にとって絶対に欠かせないものですし。

柴田 そうかもしれませんね。アメリカ駐在員としてニューヨークでぶらぶらしていたときに、何をやっていたかといえば、「新しいものを見つけてこい」という社長の特命を受けて、それを探していたんです。ガイシ以外の何か新しいものを探せ、つまり、メシの種を探してこいと。だから、耳寄りな話があれば、ヨーロッパへもすっ飛んで行きました。

そのときのヒントをもとに、下水道、ごみ焼却関連のビジネスを広げていきました。それからさらに空気をきれいにしようとか。そしてセラミックスを使って自動車の排ガスをきれいにしようと。「多孔質磁器」といいますが、極々小さな穴があいた岩おこしのような磁器をフィルターにして、空気を濾過したり、非常に小さな穴のあいたセラミックスのチューブを使って水をきれいにしたりとか、固液分離といって、液体と固体を分離する技術、それを応用して海水から不純物をこし取ったり、大気の中から不純物を分離する技術にセラミックスを応用したり……。

要するに、われわれが掲げたエコロジーという理念は、わかりやすくいえば、地球の生態系を守るための商品を作り出し、世間のためになるような会社になりたいという基本姿勢なんですよ。

飯尾　なるほど、理念を具体化するのがモノづくり——。

柴田　そうですね。そのあとぼくが社長になって、すぐにいろいろ新しいことを始めましたが、「三つのE」、エコロジー、エネルギー、エレクトニクスの基本理念だけは変えない方針は続いています。それらを通じてもう一つの「E」、Excellent（エクセレント＝すぐれた）な会社になりたいと。

飯尾　最初は「新しいメシ」探し。そしてそのExcellentが、日本ガイシという会社の性格を決定づけたような気がします。

柴田　そうかもしれませんね。

飯尾　要するにもうかってるだけでもない。単純な社会貢献でもない。本業、ものづくりという企業活動そのものを充実させていくなかで、周りから親しまれるとか、尊敬されるとか、今でいう環境と経済の両立を先取りしていた。

柴田　そうですね。結局、そういうふうにしないと、理念だけではなかなか難しいんです。いくら社会の役に立っても、もうからなければ会社は続かない。社会貢献の持続には企業の永続性が必要で、それには研究開発が欠かせない。

うちが今やってることは、人があまりやっていなかったことなんですね。たとえば、今うちで一番大きなウエイトを占めている製品は、自動車の排ガスをきれいにするセラミックス。世界中で50％近いシェアを持っています。

ビジネスというのは、人が簡単にやれるものをやっていては、すぐに真似されてしまいます。簡単にできないという点では、微細な穴があるセラミックスも簡単にはできないものですよ。簡単にできないのだから、それで何とか食えているというわけではないでしょうか。

ぼくの入社時に売り上げのほぼ１００％を占めていたガイシ部門も、事業環境の変化によって、今では16％に過ぎません。それでメシが食えるわけはないし、ビルを造れるわけもない。だけど、新しい部門が軌道に乗るまでには時間がかかるから、いっぺんにガイシから非ガイシ部門に移るわけにはいきません。その間、赤字でも開発は続けなければなりません。トライ・アンド・エラーを重ねて、「これはいける」というものができるまで、時には二十年かかることもあります。その間、ほかにもうかる部門がないと、研究開発は続きません。最近ではＮＡＳ電池という商品の芽がやっと出てきて、新聞にもよく載るようになりました。これも二十年かけましたが、エコロジーとエネルギーは、ずっと開発努力の基本にありました。

ＮＡＳ（ナトリウム硫黄）電池は、特殊なセラミックスを使って電力を貯蔵する。電力需要の低い深夜に蓄電し、ピーク時に使うことが可能になる。そのうえ、充電と放電のコントロールが比較的容易にできるのが特長。

また、太陽光や風力発電は天候によって能力を制限されがちなのが普及の壁になっている。それらと組み合わせることにより、環境にやさしい新エネルギーが使いやすくなるとの期待もかかる。

飯尾　今では「環境経営」という理念がない方がおかしいくらいに思われるようになりました。会長がニューヨーク駐在のころのアメリカではどうでした？

柴田　アメリカなんてひどいもので、下水道の泥は海洋投棄、船で捨てに行くんです。松原さんの前の市長の西尾（武喜）さんが下水道課長になってニューヨークに派遣されてきて、ぼくが現地の下水道局とかへ連れて行ったら、「アメリカというのはすごい国なのに、下水処理はこんなに遅れているのか」と驚いていましたよ。

飯尾　ぼくが産業廃棄物の取材班にいたときにも、産廃を廃棄寸前のダンプカーに乗せて、夜中に荒野を走らせ、ガソリンが切れたところでダンプごと捨てちゃうなんて、むちゃくちゃなことをやっていると聞きました。

柴田　環境の先進国にしたいとオバマ大統領が言っていますが、まだ遅れていますよ。アメリカなんて広い国ですから、炭坑を掘ったあとにごみを埋めても、人から文句が出るわけではありません。日本とは感覚が違います。日本では狭い国土の中でご近所が気遣い合って生きているからこそ、環境関連の製品や新しい技術ができるんです。

◆環境首都への道のり

飯尾　経営者の感覚では、名古屋市はどうですか？

柴田　松原さんやＮＰＯが先頭に立って、ごみをあれだけ減らしましたから——。アメリカではあんなこと絶対にできません。ドイツのフライブルクがいいとか、ごみはスイスが一番だとかいいますが、スイスでごみの分別箱を開けてみたら、中はもう、めちゃくちゃだったからね。エンジンのかかりは遅かったかもしれませんが、名古屋ではちゃんと、ＮＰＯ、ＮＧＯが市民を引っ張り込んで、「分別をきちんとやらなきゃ恥ずかしい」という「恥の文化」ではないけれど、「分別文化」をつくりあげた。日本には、名古屋にはそういう風土があるんです。

その一方で、遅れていることもありますよ。私が市の経営アドバイザーをしていたとき、口を

3　柴田昌治「地球の生態系を守るための商品を作り出し、世間のためになるような会社になりたい」

酸っぱくしていいました。柳橋の通り（名古屋駅前）と松坂屋の通り（栄の中心街）は車の進入をやめさせろと。名古屋に入ってくる地下鉄の終点に無料の駐車場をつくってパークアンドライド（郊外の駅周辺に広い駐車場をつくり、そこでマイカーを公共交通機関に乗り換えて市街地へ入ること）をやれ、どうしても車で中心部へ入るときには課金しなさいと。

飯尾　ごみ減量の次のステップ、環境首都への道のりでは、ハイブリッド（もとは交配種、雑種などの意味）ではないですが、エコロジーだけではだめで、エネルギーのことも総合的に考えなくては。そして「街」という設計図の中では、交通という基本線がとても重要だと思います。

柴田　まったくその通りです。たとえばトヨタの会長の奥田（碩）さん（当時）と対談をしたときに、車は郊外を走ればいいんだと、街の中を走れないからといって、車の売れ行きが落ちるわけではないと言っていました。

飯尾　同感です。まちなかをのろのろ走っているのを見てるから、あんなふうなら車なんかいらないと、若い人たちが思ってしまうんですよね。車ってもっと気持ちよく走るべきものですよね。

柴田　そうそう、気持ちよく走るもの。だからパークアンドライドにして、ロンドンみたいに町の中へ入ってくる車からは高い税金をとればいい。快適な市民生活には何が必要かというと、バスよりは路面電車です。エコカー、地下鉄よりも、地上をゆっくり走る電車がいるんです。

飯尾　そうですよね。商店のウインドウを見ながら市街地をゆっくり移動する。ぼくはウイーンのリンク（市街地をぐるぐる回る路面電車の環状線）って、すっごくいいと思います。足の向くまま、気の向くままに降りたり乗ったり。買い物もする気になる。切符一枚で一日何回でも乗り降り可能。

柴田　そう、あれが一番いいんだね、あれをやらないと、名古屋は。

飯尾　交通政策以外にも、足りないものはありますか。

柴田　それは川、堀川ですね。

飯尾　堀川は名古屋にとってどんな存在なんでしょう？

柴田　非常に大切なもの。堀川も中川運河もそうですが、人口が二百万を超えるような大都市には、都市としての品格が必要です。都市に品格をもたらすのが川ですよ。

飯尾　名高い都市には代表的な川がある。

柴田　韓国だったらチョンゲチョン（清渓川）。あの、ソウル市民の声を受けて再生された話題の川。堀川にしても中川運河にしても、市民運動と市役所と経済界が手を組めば、きっと再生させられます。ごみ減量で熱狂的に盛り上がったときのように、街を愛する市民を巻き込んで早くやらないと。水をきれいにするためには、導水事業も必要になるかもしれませんし、導水して本格的にヘドロを流そうというと、名古屋港の関係者が反対するかもしれません。だが、ことは名古屋百年の大計です。辛抱強く今やらないと大変なことになる。本丸御殿の復元も大事ですが、それよりももっと重要なのは堀川と中川運河をきれいにすること。水をきれいにして川べりに木を植えて、ベンチを置いて――。ニューヨークだろうが、台湾だろうが、韓国だろうが、川というのはそこを中心に人間の憩いの場所になる。「憩いのライン」になる。海だけではだめなんです。

飯尾　ニューヨークの摩天楼も、ハドソン川越しに見る光景が美しい。

柴田　川がきれいじゃないといけません。

飯尾　都市河川ですから、ある程度ということで。

柴田　そりゃあ、水を飲めるような川にしようというのは無理ですが、ある程度きれいで、魚が普通にすめるような川にはしたい。今の堀川は臭いから、ビルも川に背を向けて立っています。昔はそんなことはありませんでした。

飯尾　堀川も？

柴田　いつの間にか回れ右をしちゃったようです。もう一度、水辺の建物に川の方を向いてもらい、しゃれたレストランをつくり、ウォーキングデッキをつくり、市民の憩いの場をつくり――。水辺空間の充実が、名古屋を国際文化都市たらしめます。

飯尾　京都の先斗町も再生しましたが、鴨川の涼風に吹かれて食事を楽しめるのが売り物ですね。

柴田　そう、あれでないといけません。一番先にやらないといけないかもしれない。

◆「忘れられない力」を結集

飯尾　話は変わりますが、会長はダボス会議の常連とか。

柴田　一九九九年から十年連続で出席しています。今年（二〇〇九年）初めて、どうしても都合がつかなくて出られませんでしたが。

飯尾　残念でしたね。

柴田　ダボス会議というのは、世界中の経済界のトップ、学会、政界、ジャーナリストのトップなどが集まって、世界では今何が問題になっているか、それに対してどう対応するか、さまざまなテーマを立てて侃々諤々（けんけんがくがく）やるわけです。切り口は経済だけではありません。たとえば南北問題とか、貧困をなくすにはどうすればいいのかとか、もちろん環境問題もです。

ダボス会議とは、スイスのジュネーブに本部を置くNGO世界経済フォーラムの年次総会のことをいう。毎年一月下旬にスイス東部のリゾート地ダボス（トーマス・マンの小説「魔の山」の舞台）で開かれることから、こう呼ばれている。

ここ数年、環境政策がクローズアップされており、二〇〇八年は、当時の福田康夫首相が、温暖化対策が主要議題になった北海道・洞爺湖サミットを前に特別講演し、「世界全体で、二〇二〇年までに30％のエネルギー効率の改善を世界が共有する」などを柱にした「クールアース推進構想」を提案した。

また二〇〇九年には麻生太郎首相が「日本の中期目標を六月までに提示する」と、いわば世界に公約した。

柴田　ダボス会議には非常におもしろいところがあって、非公式会合での発言は大きな記事にはしないという暗黙の了解があります。ゆえに、アラブの王子とイラクのだれかとか、各分野のトップが率直な意見交換を行うわけです。たとえば私が参加している会合に、自動車の分科会があります。そこでは、自動車は二十一世紀に存在しうるかとか、率直に話し合うわけです。自動車というのは人に不幸を与える時期が来ているのではないか、渡辺捷昭さん（トヨタ自動車社長、当時）が言うように、走れば走るほど空気をきれいにするような自動車をつくらねばだめだとか、関係者が集まってそういうディスカッションをしています。化学の分科会、鉄鋼の分科会、それからジャーナリストの分科会とかもあって、新聞はいつまであるか、なんて、そういうことを話し合っています。

飯尾　ざっくばらんな場所なんですね。ハリウッドスターなんかも来るし。

柴田　去年（二〇〇八年）のことですが、約二百二十の分科会のうち、日本をテーマにしたのはたった一つ、「Japan ： A Forgotten Power」という分科会、要するに「忘れられた力」。経済的には世界第二位、でも、国際社会で存在感がない。そういう状況を「Forgotten Power」と揶揄されたのです。

飯尾　あっ、そこにいたの？という感じ。

柴田　ジャパンバッシング（日本たたき）とか、ジャパンパッシング（日本素通り）とか言うけれど、現状はもっとよくない。「忘れられた国」なんです。分科会の席上では、日本はどうしてそうなるのか、というテーマについてみんなで話し合いました。

飯尾　ジャパンミッシング（日本消失）ですね。

柴田　何せ「フォーゴットン」ですからね。

飯尾　そういうところも含めて、来年名古屋でCOP10というやつがありますが、そこでは市民の「忘れられない力」を結集して、日本が、名古屋が世界にものが言えるところを見せたい。環境首都づくりのこれまでの成果を、そこで見せたいという野心があります。

柴田　世界に存在感を示すためには、政治のトップがそれなりにきちんとした発言をしないといけません。一つの例ですが、去年のダボス会議では福田（康夫、前首相）さんが土曜日に来てスピーチをしました。ダボス会議は火曜日から始まっているのに、土曜日に来た。主要な会合はほとんど終わってしまっています。どうしてもっと早く来ないのかというと、国会の会期中だという。土曜日にスピーチしても、重要な参加者はほとんど帰ってしまっている。残っていたわれわれがいくら一生懸命拍手をしても、楽屋落ちみたいなものだ。

飯尾　なるほどね。

柴田　国際的なセンスがまったくない。世界の中で発言をして、記事にさせようと思ったら、やはりOpening remarks（初日の基調講演）しかありません。基調講演は世界中に華々しく発信されるのだから。世界中のジャーナリストが来ています。福田さんは去年、そこでスピーチするチャンスがあったのです。なぜならG8の議長国だから。G8議長国の首相なり大統領は、会議初日にスピーチすることになっているのです。

飯尾　そうだったんですか。

柴田　それに合わせて、われわれ日本からの参加者はお膳立てをしたのですが、来ないんです、政治家は。国会なんて一日や二日は休会にしろと言いたいのですが、そういうセンスがないのですね。日本のリーダーとして、世界に対する発言が求められているのに、それにこたえようとしない。だから、どうしてもフォーゴットン。それぞれの分科会では、トヨタや東京電力や新日鉄が発言力を行使しているから、存在感が認められているわけです。

飯尾　サミットでも、日本の首相はまるで「日替わりランチ」ですから。

柴田　業界の会合で名刺を配って回る新人社長のようなものです。

飯尾　サミットで何を発言するかより、サミットに出ること自体に意義があるみたい。参加することに意義がある。

柴田　国際社会に対して魅力的な発言ができるのも、これからのリーダーには不可欠の資質です。世界という舞台で聴衆を説得できる人たちがリーダーにならないと——。オバマ大統領はどこに魅力があるかといえば、説得力だと思います。何時間演説をしても聴衆を飽きさせないで、しびれさせ、納得させる。そういう訓練を受けたうえで、世界とやりあっているわけですよ。

飯尾　ところでCOP10ですが、生物資源の分け合いというか、取り合いというか、世界と戦わなければならない国際交渉の側面と、名古屋、愛知から身近な生物や生物資源——われわれは、衣食住のほとんどを生物に依存して生きているわけですから——の大切さを考えることで、この地域を環境首都に近づけるバネにするという側面と、二重構造で考えるべきだと、ぼくは思うんですが。

柴田　同感です。だから、行政にすべて任せきりではいけません。われわれ経済界、名古屋商工会議所や中部経済連合会、新聞社、放送局、NGOやNPOなどがそれぞれに、あるいは連携を取りながら、絶えず関連の会議やイベントを催して、全体を盛り上げていかなければなりません。

4

加藤敏夫

「産官学民の連携がしっかり組めたとき、堀川の再生は可能になる」

加藤敏夫（かとう　としお）
一九三一年生まれ。愛知県名古屋市出身。
名古屋大学経済学部卒業。貿易商社勤務を経て、一九六一年、繊維会社ホウコク株式会社を設立。家庭用繊維雑貨の製造販売を中心に、東京、大阪、福岡に販売拠点、中国・青島に製造拠点を確立。一九九六年から相談役。
五十歳のころ、地元のライオンズクラブに入会し堀川再生に取り組む。二〇〇三年、堀川ライオンズクラブを設立し、堀川再生ライオンズクラブ二十万人署名活動、堀川千人調査隊の結成、堀川フラワーフェスティバルなど積極的な活動を展開している。

ときところ　二〇〇七年六月二十日
志喜

◆オイカワがもどった堀川

母なる川が清流であるとは限らない。暮らしのなかから生まれるよごれを黙って受け入れ、流してくれる優しい「母」もある。問題は、そんなことを続けていては、いくら「母は強し」といえども、その健康がいつまでももつわけないということなのだ。

堀川は四百年前の名古屋城築城時、徳川家康に普請を命じられた福島正則が資材運搬のために掘削したといわれている。尾張名古屋が城で持つなら、その資材を運んだ川はやはり名古屋を生んだ川だろう。

延長16・2キロ。北端の守山区で庄内川から水を取り、中心市街地を貫いて、南端の港区で伊勢湾に注ぐ経路を見ても、やっぱり母なる川なのだ。

ところが、運河としての生い立ちゆえか、京都の鴨川や東京の隅田川、仙台の広瀬川などのようには、名古屋市民の親近感は強くない。ヒット曲にもなりにくい。親の心子知らずということなのかもしれないが――。

萩原　「名古屋堀川ライオンズクラブ」の堀川って、地名ではなくて、テーマなんですよね。

4　加藤敏夫「産官学民の連携がしっかり組めたとき、堀川の再生は可能になる」

テーマで集まったライオンズクラブって、ほかにもあるのでしょうか？

加藤　神戸で盲導犬の育成だけで集まったクラブがあると聞いています。あとは、一つの事業に特化するライオンズといえば、私たちの堀川ぐらい。世界的にも珍しいと思います。

堀川ライオンズクラブは二〇〇三年四月に設立された。基本理念は「私たちは、堀川の浄化・美化運動をとおして、安らぎのある街づくりに貢献します」。堀川を美しくしようという、いわば市民運動から生まれたライオンズクラブである。

萩原　ライオンズクラブだけではなく、もともと社会活動のために組織された団体が形骸化してしまった例は多いですよね。こうしてミッション（使命）を持ってやっているところは珍しい。

加藤　私たちの場合は進化しています。メンバーも発足時には二十八人でしたが、今では二倍になりました。

松原　よく時計の寄贈がありますが、私は「時計は、いらん」と言ったんです。「ソフト事業を支援してください」と。そういう事業を継承していってください。単年度で終わらせないでください、とも。

加藤　ライオンズも、もっとロータリーなんかと手を組んで、地域のオピニオンリーダーとしての存在感を強めていかなければなりません。仲間うちだけの話ではなく、もっと大きくやらないと。

飯尾　堀川ライオンズができたことで、堀川の存在感は増してきた。

松原　そうそう、学校も関心を深めてくれた。以前、小学校へ出前授業に行ったとき、「ヘドロを捕まえよう」というのをやってみた。どうやって捕まえるかというと、白いソックスにビニールひもをつけて、中におもりを入れて、子どもたちが川の中へ投げ入れるんです。底面に沈むと泥がついてしまうから、水中ですうーっと動かしてやる。上げると真っ黒になっていた。それをきれいな水の入ったバケツに入れると、みるみる真っ黒けになった。底にたまったタールのようなドロドロを、水を切って日にさらし、残ったものを観察する。これがヘドロだと。ヘドロって、川底にたまるというイメージですが、実際には水の中に浮いているんですよね。

加藤　実際によごれを目で見ると、子どもたちはちゃんと自分の頭で考える。

松原　数年前までは、いろいろな人がそれぞれの流儀で堀川浄化を考えてきた。一つにまとまりにくかった。それが収束に向かう契機は、あの上飯田連絡線からの導水事業でしょう。

一九九八年のことだった。地下鉄名城線と名鉄上飯田線を結ぶ「上飯田連絡線工事」の真っ最中。名古屋市北区の工事現場は庄内川の支流である矢田川に近いため、毎分三十トンの伏流水が流れ込み、関係者を悩ませていた。これを耳にした地元の区政協力委員が「それなら、その水を黒川に流してほしい」と申し出た。黒川は、実は堀川上流部の通称である。

黒川に比較的きれいな伏流水を流すと、堀川にも小さな魚が戻った。オイカワの帰還はその象徴だった。魚が戻ると、それを狙って鳥たちも帰ってきた。ダイサギやコサギが舞い飛び、カワセミの声まで聞こえてきた。まるで堀川の存在感を市民にアピールするように。自然はやっぱりにぎやかな方がいい。そのころは、だれも口にしなかった言葉だが、それが、生物多様性というものだ。

しかし、工事が終われば、水も止まってしまう。せっかくのにぎわいも失われてしまうのか。「堀川を清流に！」。九九年、市邨学園高校の一年生が、文化祭で「堀川の浄化」を取り上げたのをきっかけに、市内の三十三のライオンズクラブが市民団体や高校生と一緒に、庄内川からの導水を求める署名活動を開始した。一カ月で二十万人の署名が集まった。当時の建設省中部地方建設局（現・国土交通省中部地方整備局）が、これにこたえた。

松原　あのオイカワが戻った写真を、中日新聞がぽんと載せたんだ。それで署名運動にぱっと火がついた。高校生が一番すごかった。納屋橋に立って、懸命に声を張り上げて。

加藤　そうそう、今でもしっかり覚えています。最終的に十九万二千五百十一人。中電の名古屋支店も全面的に協力してくれました。当時の名古屋支店長が大学の後輩だったご縁もあって。

松原　すごいなあ。

加藤　今年五月に始めた堀川フラワーフェスティバルでは、三井物産グループが積極的に支援してくれた。昼間は堀川沿いをハンギングバスケットとか、花で飾ったんですが、夜は電飾を張り巡らせました。広小路商店街に相談したら、クリスマスで使う材料が五月なら空いているから貸してもらえることになりました。ただし、工事費までは出ません。七十五万円ほど必要でした。また金集めか、大変だと思っていたときに、物産の名古屋支社長がグループ二十社に呼びかけてくれて、協力を取り付けてくれました。うれしかった。人も割り当てて出してくれた。花の水やりとか。企業は変わってきたと、私は思う。行政にはお金がない。ならば、企業にお金を出してもらって、市民は汗をかく。産官学民が一つにならないと、堀川の問題は片付きません。

松原　ネクタイ族が水やりに来るなんて、珍しいね。

加藤　物産の支社長は名古屋の出身で、これからもできることは応援しますと言ってくれました。

松原　ありがたいなあ。そうこうするうちに、二十万人署名のあとに堀川ライオンズができ、そして「堀川千人調査隊」が結成された。

飯尾　ネーミングの妙ですね。

堀川ライオンズクラブが提案して、国の全国都市再生モデル調査事業の一環として二〇〇

4　加藤敏夫「産官学民の連携がしっかり組めたとき、堀川の再生は可能になる」

四年四月から五月にかけて庄内川から実験導水を試み、学校、企業、市民グループ単位で二百十七小隊、計二千七人が参加する大規模な調査隊が、その前後、水質の変化や生き物の生息状況を大規模に調査した。その結果、上流部の水質が悪ければ、導水が必ずしも堀川の改善につながるわけではないという結果が出た。川はつながっているのである。

堀川千人調査隊は二〇〇五年に再結成され、百八隊、七百三十人が参加した。続いて堀川千人調査隊2010が、二〇〇七年四月から三年間に及ぶ木曽川からの導水実験の中で、活動を展開している。

◆堀川を使ったイベントを

萩原　堀川にベネチアのゴンドラを浮かべたのも加藤さん？

加藤　都市河川である堀川はいくらがんばっても透き通る川にはなりっこない。だとすれば、観光資源として市民のみなさんに気軽に親しんでもらいたい。そしたら、世界デザイン博（一九八九年）で展示された本物のゴンドラが名古屋港のポートビルに残されていると聞き、せっかくだから浮かべてみようと。ゴンドラが浮かべば、川にごみを捨てる人も少なくなると期待をこめて。

飯尾　それって重要なポイントだと思います。堀川を完璧に浄化することは不可能だが、それを前提にどう活用するか、どうやって市民や観光客に親しんでいただくかを考えることが大切です。ベネチアのグラン・カナル（大運河）だって、お世辞にもきれいとはいえません。みんなが利用し、親しむ川だから大切にしよう。多くの名古屋市民をそんな気持ちにさせないと。

加藤　堀川にまず人が集まることが大切です。そこでフラワーフェスティバルのようなイベントを常時繰り広げてみせる。イベントでは好きな人が好きなことをやる。アクセサリーを売るとか、花市を立てるとか。人が集まれば市民の関心も高まるし、そこをきれいにせにゃいかんという気持ちも強くなります。

松原　納屋橋のウッドデッキで、地産地消のマーケットができる。

加藤　ゴンドラや遊覧船を待つ間、コーヒーぐらい飲める場所をつくらねば。それから、月に一度ぐらいカヌーの愛好家を集めて、若い世代に向けたパフォーマンスをしてもらうとか。

松原　堀川に徹底的にこだわれば、多種多様な事業が展開できる。

加藤　そう、そのための資金を企業に少しずつ、少しずつでいいから協賛してもらう。市民も出す。行政だけがお金を出せば、行政に任せっぱなしになってしまう。時代が違う。自分たちが少しでもお金を出すことによって、参加する価値が生まれると思うんです。

松原　それが、長崎の「さるく博」だね。

長崎さるく博は、二〇〇六年四月から約半年間、長崎市で開催された地方博覧会である。

「さるく」とは、「うろつき回る」という意味の長崎弁だ。無料で自由に参加できる、本当のぶらぶら歩きコースから、地元の人も知らない歴史や文化、芸能、スポーツなどのうんちくをガイドが現場で傾ける上級編、専門家の指導でカステラ作りなどを体験できる「長崎体験」まで、約百五十コースを用意した。「日本初のまち歩き博覧会」と称し、展示されるのは長崎の街と人、パビリオンがいらないからお金もかからない。

期間中の参加者は、一千万人を超えた。地元出身の歌手さだまさしが雑誌に発表した文章にヒントを得て市の職員としてこのイベントを提唱した田上富久は、今の長崎市長である。

加藤　フラワーフェスティバルには、五百万円かけました。うち百二十万円を名古屋市が出してくれました。残りは、一カ月ぐらいの間に企業から集めることができました。実は十万円の余りが出たので、市にお返しすることができました。これからは、市民や企業にアピールできるような事業展開が必要です。でも、やはり市が共同参画している意味は大きい。「おおっ、やっぱり市も入っとるか」と民間に安心感が生まれますから。

飯尾　市の補助金を減額決算するなんて。

加藤　おそらく前代未聞でしょう。

松原　名古屋まつりは悪い例かな。英傑行列以外はみんな行政におんぶにだっこ。

飯尾　祭りというのは、本来市民がつくるもの。
加藤　自分たちで汗をかかないと、一生懸命にならないですよ。
萩原　なんだか、勇気がわいてきますね。
加藤　納屋橋周辺にはシティホテルが立ち並び、外国人宿泊客が多い。堀川沿いに、千円、二千円ぐらいまでで買えるような日本グッズ、名古屋グッズの店が並ぶといい。外国からのお客さんが朝ぶらっと散歩に出て、ついでにちょっとした土産を買える店がほしい。市民向けには、やはり朝市があるといい。それから、せっかく本丸御殿もできるのに、納屋橋から名古屋城への交通アクセスがよろしくない。堀留（上流端）の朝日橋から納屋橋までの舟運ができるといい。そして、その間で観光客にも市民に親しまれるような都市計画を立てないと。
松原　名古屋城には、船着き場をつくってありますからね。
萩原　名古屋城へ舟で乗り込む。
飯尾　先日、ベルリンへ行ってきましたが、公共交通の共通乗車券は舟にもちゃんと利用できました。
加藤　あとはたとえば、二千メートルの公認コースをつくって堀川レガッタ（漕艇によるボート競技）を開催するとか。大都市の真ん中にそんな直線コース、日本中どこを探したってない。堀川を利用するアイデアはまだいくらでも出てきそう。

飯尾　そうなんですよ。浄化して眺める川ではなくて利用する川なんです、堀川は。
萩原　もともと機能性重視、運河だし。
松原　やっぱり行政が出しゃばりすぎてはいかん。いろいろ手を出しすぎるから、市民団体もどこか当事者意識が薄く、結局は行政に「金をくれ」ということになる。
加藤　これからは違います。行政に頼る時代ではない。まず私たちがやり、行政がそれをサポートしなければならない時代。
飯尾　そのためには行政も志を高く持たないと。
萩原　志ある「志民」は、志でしか動かない。
松原　言われたことだけを一生懸命やっとるだけではいかんのですわ。与えられたことをただこなしていくのに飽き足らなくなったとき、行政も住民も関係なく、人は「志民」になるのでしょう。そういう人たちは災害などの有事の際に、きっと中心的なプレーヤーになってくれるでしょう。それが「地域力」ではないですか。
加藤　地域力だね。これからの行政は、市民をおだてながら上手に使わなければいけない。
飯尾　ごみのときは、それが成功したと思います。非常事態宣言を出して。
加藤　なるほど。
飯尾　藤前干潟を埋めてはいけないなら、ごみを減らすしかありません。みなさん一緒にやろうといいながら、スムーズに減らせる仕組み、市民を巻き込む仕込みをそっと用意する。それが行政の役目。その上に乗っかって市民が動く。行政が一歩下がると市民はおのずと動き出す。

松原　その反対が名古屋まつりだわね、官製祭りもいいとこ、京都の祇園祭、福岡の博多山笠、青森のねぶた祭り……みんな市民がやっている。

加藤　ところで萩原さん、名古屋の企業は東京や大阪に比べて、市民活動に協力的ですか？

萩原　難しい質問ですね。でも、たとえよその地域がここより恵まれていても、それをうらやましがっていたってしょうがないと思うんです。ごみ非常事態宣言を契機に、行政がとか、NPOがとかいう感覚は、もうぼくにはなくなった。同志です。そういう意味では、名古屋市はもともとそういう風土だったのではなかったのかと。今日の加藤さんのお話だって、一番市民運動らしい市民運動だと思いますよ。

飯尾　近くで見ていて、明確に潮目が変わったと思える日がありました。それまで、萩原さんが市のごみ担当者を追いかける立場だった。ところが、非常事態宣言後のある日、行政の方が、東京へ出張中の萩原さんを追いかけて、すぐ会いたいと迫った。企業もそう。そのあと、中部電力と組んで環境フォーラムをやった。原子力をやめない電力会社に対し、市民運動側のアレルギーは今でも強い。企業の方も、いつ、どんな攻撃を受けるのかと身構えていた。しかし、中電と中リ、お互いの「有志」が個人レベルで接触を重ねるうちに、「なーんだ同じ人間じゃんか」と素直に思えるようになってくる。壁の内側で縮こまっていても世の中は変わらない。そういう流れができてきた。

加藤　私も潮目だと思います。堀川のウッドデッキを花で飾っていたら、中電の関連会社の社長が一生懸命花に水をやってくれている。企業も変わってきています。お金については、やっぱり経済界ががんばって応援しなければいけません。行政にももちろん応分の負担はお願いします。でも経済界が自発的に街づくりにかかわる時代を定着させなければいけません。

飯尾　今日おもしろいと思ったのは、加藤さんは企業人（繊維会社相談役）でありながら、企業や産業界をちゃんと相対化して見ていらっしゃる。そういう企業人が出てきたこと自体が実におもしろい。

加藤　産官学民の連携がしっかり組めたとき、堀川の再生は可能になる。それぞれの役割をまずしっかり考えること。

◆人間本位の広小路に

萩原　名古屋はもう少し、外からの視線にさらされた方がいいと思います。

加藤　それには、観光地としての魅力をアピールしていかないと。

飯尾　ぼくは、名古屋はもちろん、中部地方は観光資源が豊富な地域だと思っています。伊勢志摩の海と海の幸、名古屋の産業観光と名古屋めし、そして飛騨の山と山の幸、その中心にちょうどセントレアができた。三泊四日でセントレアから志摩へ行き、名古屋で産業観光、あるいは環境首都名古屋ができれば環境観光、まち歩きのコースも豊富につくる。そして、東海北陸道を使って飛騨へ行き、自然と文化を満喫してもらう。さらに、オプションで合掌造りの白川村から北陸観光コースを付ける。十分魅力的ではないですか。セントレアを起点とした三県一市の枠組みで、プログラムを考えないと。

松原　名古屋の全体像を紹介するような写真集なんかもほしい。

飯尾　愛・地球博前に人気の旭山動物園を訪ねましたが、当時は資料なんかまるでなかった。今は山ほどあるでしょう。そういえば、旭山の副園長（現園長）が不思議がっていましたよ。どうして名古屋市の人たちは、あんなにうちへ視察に来るのかって。シロクマの生態展示なら、豊橋の方が先ですし、目玉の一つユキヒョウは東山からいただいたものだって。

松原　子どもたちと「名古屋あるもの探し」を始めないかん。

加藤　名古屋は外に向かってのアピールが下手なんですよ。そこが魅力の一つでもあるのだが。

飯尾　広小路ってすごくいい。銀座よりいいんですよ。きっと。だから、名古屋のど真ん中である広小路を車が通らんようにする。

松原　それが一番いい。

飯尾　都心で渋滞ばかりさせられている車こそ不幸です。長崎さるくもそうですが、歩く速さだからこそ発見できるものがあります。その方が、物も売れるでしょう。車で走っているときに、店先に気になる物を見つけても、駐車場を探すのも面倒くさいし、手に取って見るのをあきらめちゃう。

松原　そうそう、泣く泣く通り過ぎちゃうな。

飯尾　日本とアメリカは世界の中でも特異な国、日本はアメリカの基準を間違った形で導入しています。ネオンサインや巨大な屋外広告は、車から見るためのもの。狭い日本ではヨーロッパ型の街づくりを考えた方がいい。歩いてもらうこと、つまり、歩きでも事足りる街をつくるべきだと思います。それは決して、自動車の否定にはつながらない。むしろ自動車は市街地という束縛から解放されると思います。

萩原　二酸化炭素も少なくなるし。

飯尾　温室効果ガスは、（一九九〇年比）名古屋で30％は減らさなきゃ。ＥＵが20％というなら、こっちは30％だと。

萩原　市長が引退してからと思っていたけど、その前でもいいんじゃないかな。このおしゃべりが本になったときぐらいをめどに。つまりね、現役の市長がＮＰＯやってるっていいじゃない。まさに、こうして志でつながってるわけだから。第二市役所があってもいい。縦割り行政にならない、志で水平につながる「役所」をね。
飯尾　極端な話、市役所に企画部はいらなくなる。
松原　いらん、われわれがシンクタンクになればね。
飯尾　市民のアイデアを、「役所」が形に変えていく。
松原　そうなったら、歴代の名古屋市長はもれなくＮＰＯに入らなければならなくなる。
萩原　ぼくはこの地域、名古屋地域が地球を救う可能性を秘めた唯一の土地だと信じています。名古屋が持続可能性を持った街に変われば、この世界が変わると信じています。だから、この地域に徹底的にこだわりたい。
松原　都心部の自動車による環境負荷を軽減するためにも、環状線を三重にしたいと思う。今の都心環状が「内環状」、次に国道３０２号があって、その外側に「外環状」を。車はそういうところをすいすい走ればいい。
飯尾　「山手線の内側」という言い方を東京がするなら、都心環状の内側は、歩行者と自転車、そしてＬＲＴ（次世代型路面電車）に開放してしまえばいい。歩いてどこへでも行ける二百万都市名古屋、自動車の性能も最大限に生かせる街、内側と外側で機能をまったく分けるというのが、二十世紀後半型の街づくりだと思います。
萩原　そういうことをやろうとすると、いつも国がじゃまをする。

飯尾　だったら独立しちゃいましょうか。
松原　そうそう、名古屋独立宣言。
加藤　せめて、まず広小路ぐらいは歩行者に開放できないでしょうか。
松原　究極は、広小路からマイカーはいなくなる。
加藤　サンフランシスコのケーブルカーみたいに、ゆるゆると走るLRTに信号でぱっと飛び乗って、何か買いたい物を見つけたら、またぱっと降りられるようにする。少なくとも栄から名古屋駅まで、LRTをゆっくりゆっくり走らせて、どこで乗ろうとどこで降りようといいことにする。
飯尾　疲れたらちょっと乗り込んで、また降りる。電車が走り、人が歩いて、物を売る店がある。人間本意の広小路。
松原　そうそう、堀川に戻ると、川べりのウッドデッキで北海道の八雲町の物産展を開きたい。尾張藩からの入植地で、今でも名古屋弁をしゃべる人がいます。名古屋人が開拓した八雲町。雄鉾（おぼこ）岳という山があり、そこに「おぼこ荘」という名の本当にひなびた温泉宿がある。紅葉のころがすごくいいですよ。露天風呂が川べりにあって。で、このあいだ行って、その温泉につかってきた。嵐山光三郎（作家）が書いた『日本の百名町』という本がありますが、その一番目に八雲町が載っている。熊の木彫り、あのサケをくわえたやつ――の発祥の地として紹介されている。あの熊は徳川さん――尾張の殿さまがデザインして、殖産のため、入植者に作らせた。

萩原　娘の中学の同窓会長さんから聞いたことがあります。なぜ東区には、寺や学校が多いか、そのわけを。あの辺は藩士の居住地でしょ、明治維新で失業するわけ。失業した武士たちのうち、からだが丈夫な人は屯田兵として北海道へ渡り、学問のある人は塾を開いた。だから――。

松原　入植者のみなさんは、苦労をされた。みんな望郷の念があるんだ。お墓はみんな尾張の方を向いて立っている。

萩原　そういう重層的な尾張の歴史を、書き残しておかないといけないなあ。

加藤　堀川の物産展では、八雲町の歴史を書いたパンフレットを配りましょうか。

飯尾　北海道には、環境活動の開拓者たちもいます。一九八九年に家庭ごみの従量制有料化（たくさん排出した人ほど負担を増やす）を始めた北海道の伊達市。行政を動かしたのは、中村恵子さんという一人の主婦が起こした市民運動でした。しかも、制度ができてうまく機能すればそれでいいと、手柄はすべて市役所にあげてしまった。

萩原　循環型社会といえば、物質循環だけをイメージしてしまいますが、このあいだ、柳生博さんと話してうれしかったのは「おまえらが循環型社会を守っていけ」と何度も何度も励ましてくれるわけ。社会をつくるのは絶対に人なんですよ。志ある人なんです。その志を受けついで、次世代に伝えていかないと。人から人、志から志への循環が大事だと。

加藤　一人の力なんて知れているんです。それが続いていかないと。ライオンズクラブという組織の中で、それがうまく伝わるか、不安になることがありますよ。
萩原　すべての組織に志はあると思う。伝わりますよ。
飯尾　たとえば「会社」って、一人でできないことを何人かでやろうっていうことですよね。それが「カンパニー」。営利、非営利なんて、どうでもいいじゃないですか。そもそも、企業とＮＰＯが区別され、対立するもののようにとらえられること自体が変ですよ。まあ、金で金を買うような会社が、企業としてクローズアップされすぎるきらいはありますが。
加藤　社会をみんなで支えようという流れはできつつありますね。私たちがそれにうまく乗っていけば、きっと名古屋は変わります。
萩原　市民運動の業界にも、信じられないようなことをする団体はありますが……。
加藤　堀川に携わってきて、もう一つ感じることは、ボランティア活動にも必ずお金、資金が必要だということです。これまでのやり方だと、それを行政にお願いしていた。
飯尾　資金的な独立、「食える市民運動」をうたうのが中部リサイクル最大の魅力。
萩原　ボランティアの名をかたる金もうけ集団とか、よく言われましたよ。
加藤　私たちも堀川にゴンドラを浮かべたりしていますが、会員制にしたりして自立する努力はしています。自前の財源を確保できれば、行政と対等に話ができますから。
萩原　役所がやらなくても、私たちはやりきるという迫力が必要なんです。

5

横井辰幸

「本丸御殿は、職人の世界でいえば『天下普請』にすべきです」

横井辰幸（よこい　たつゆき）

一九五二年生まれ。名古屋市出身。

曾祖父の代からの大工の家に育つ。子どものころからまわりに木があることが当たり前だった。中学卒業後、家業（横井建築）に従事。一九七一年、名古屋市立工芸高等学校定時制建築科卒業。一九七四年、横井建築四代目を継承。

労働保険事務組合愛知県建設産業協会会長、職業訓練法人愛知県建設センター理事、名古屋市立工芸高等学校評議委員、名古屋和合ロータリークラブ会員。

とき　二〇〇九年六月三十日
ところ　横井建築

◆木造の家を造りつづける

名古屋市昭和区の横井建築は、一階と二階が木材倉庫で、事務所はペントハウスになっている。外階段を上ると入口まで木製の舗道が敷かれ、両脇は鉢植えやプランターがずらりと並ぶ屋上菜園だ。ジャガイモやシソの葉が収穫期を迎え、コンニャクイモが青々と葉を繁らせる。

木材倉庫をのぞいてみた。強い木の香りに包まれた。どことなく異国のにおいが混ざっていた。

どのくらいあるんですかと、ありきたりのことをきいてみた。

「数えたことないからなあ」と、横井は真顔で首をかしげた。

じゃあ、何種類？

「三十種類ぐらいかなあ」

ナラ、クルミ、スギ、トチ、クリ、ケヤキ、カリン、ヒバ……。外材もたくさんある。ロシア国境の中国からはるばる運ばれてきたタモ、アフリカからやって来たというメノウのような縞模様の入った聞き慣れない名前の板。岐阜県恵那市の木材市に足繁く通い、気に入ったものがあると買ってくる。というか、手ぶらで帰ることはまずない。

数十万円で仕入れた太いケヤキがある。「ここで十年寝かせて乾燥させないと、材としては使えません。これはあと六年くらい――」。木のことを話し出したら、もう横井はとまらない。

「十年たつと化けるかもしれません。そりのないまっすぐな材になってくれれば大当たり。三十七・五センチ角で八メートル、大黒柱に最適です」とケヤキをなでる。

水目桜は、横井が好きな木だ。木肌が淡く、木目が美しい。大人の色だ。玄関の飾り棚にでも使うと、家全体が上品な雰囲気になるだろう。

木ぎれで美しいお椀ができるし、端材は燻製のチップになる。香りもいい。好ききらいは別にして、あまりが出ればワイン立てや、まな板などの小物を作る。

「産業廃棄物にするのは耐えられない」と横井は言う。

「思わず買ってしまった」と言うのが、神代スギと神代ケヤキの板、それぞれ一枚ずつ。土の中に埋もれていたものを「神代」と呼ぶ。表面が黒っぽい。

「だが何と言っても、家を建てるならヒノキだね。風格が違う」

この人は本当に、木が好きだ。

飯尾　やっぱり、日本人は木ですよね。

横井　日本でも、世界でも。木文化も、「木使いの文化」も、どこか共通点がありますよ。木の家は、釘でつなぎ合わせるのではなく、「ほぞ（木材をつなぐとき、一方の端に作る突起、もう一方に開ける『ほぞ穴』に差し込む）」を組み合わせるでしょう。あれも、世界共通です。

飯尾　オーストリアとか？

横井　そうそう。ドイツなんかも。ドイツの工科大学なんか、木造校舎がけっこう多い。

飯尾　ブリュッセルのＥＵ（欧州連合）本部がそうでした。フローリング、木の手すり、トイレなんかも木材で仕切られていて。

横井　そうでしょう。伝統ある国はけっこう木を使うんです。ヨーロッパでは、七階建て、八階建ての木造建築もありますからね。

飯尾　耐震性にも問題はなさそうですね。

横井　かえって強いくらいです。

飯尾　環境にもいいですよね。

横井　うちは四代続いた大工で、木造の家を造り続けていましたからね。生まれたときから木材に囲まれて育ってきた。物心ついたころには、木の階段に釘を打ちつけて遊んでいました。親父もしかりませんでした。だから、最近まで、木が環境に優しいとか、二酸化炭素を固定し

5　横井辰幸「本丸御殿は、職人の世界でいえば『天下普請』にすべきです」

てくれるとか、そんなこと考えもしませんでした。

飯尾　知らず知らずのうちに、人に優しい「住環境」を整える仕事をしていたんですよね。

横井　にんべんに「木」と書いて、「休む」ですよね。人を休ませてくれる場所、つまり家はもともと「木」なんです。木の下で人が安らげる場所を作るのが、大工の仕事。いい環境をつくりだすのが仕事なんです。

横井の名刺には「大工」と大きくすり込んである。「環境職人」の気概である。

飯尾　もともと、日本の気候、風土、つまり環境に合わせた家を造ろうと思えば、「木」なんですよね。

横井　日本では不幸なことに、ある時期から大型木造建築に法律でストップがかかってしまい、鉄筋コンクリート一辺倒になりました。技術的な伝承も一時途絶えていたんです。

一九五〇年に建築基準法が変わり、防火構造上問題があるとして、市街地で木造三階建て以上の建物が建てられなくなった。山間地などでもよほどの山奥でない限り、さまざまな法の制約が加えられ、事実上、木造の建物は二階建てまでしか建てられなくなった。

三階建て住宅の解禁は、八七年のことだった。九八年には共同住宅の建設も可能になった。だが、まだ三階までだ。

飯尾　なぜだめなんですか。

横井　主に防火上の観点からです。戦災で主要都市が焼けてしまったトラウマがあるのでしょう。鉄は四百度になると変形して張りが落ちてしまいます。が、木造でも金具を使わずに、きちんとほぞで組んであれば、だいたい二センチぐらい燃えたところで炭化層ができて酸素が遮断され、それ以上はなかなか燃えません。火事場でも真っ黒に焼け残った柱が立っていたりするでしょう。

飯尾　テロにあったニューヨークのワールド・トレード・センターも、鉄骨が溶けて予想外の早さで崩れ落ちてしまいましたね。

横井　鉄骨を組み合わせても、鉄は熱であめのように曲がりますから。木造なら、たとえ火災に遭っても、避難する時間が十分稼げるんですが、なんだか、逆のイメージがありますよね。

飯尾　逆といえば、国産木材は高いというイメージも。

横井　今や、ロシアが北洋材の輸出を制限し始めましたし、国産の方が安いです。

飯尾　林野庁は、国産の場合はほしい部材をほしいときにそろえにくいのが難点と言っていま

5　横井辰幸「本丸御殿は、職人の世界でいえば『天下普請』にすべきです」

すが。

横井　そんなことはありません。

飯尾　ハウスメーカーが機械的に生産しようとするからいけないんでしょうかね。

◆大工の環境貢献

横井　代々ご先祖を守っていく人が住まう本家普請には、それなりに手間やお金をかけなければなりません。その代わり、たとえば柱一本とっても、木のど真ん中を元口（もとくち）（下）から末口（すえくち）（上）までまっすぐに取りますから、百年たっても狂いがありません。二十年や三十年で壊す家とは、見た目は同じように見えても、中身がまったく違います。

飯尾　百年狂いなしですか。

横井　長持ちするよい家を、しかも木で造っていくことが、われわれ大工の環境貢献でもあると思っています。百年とはいわないまでも、五十年住める家を造って、その木材を切り出したあとに植林すれば、また五十年後に切り出せます。その間は、CO_2を炭素の形で木の中に閉じこめておくこともできる。水源の保護にもつながります。一石二鳥にも四鳥にもなるんです。これぞ循環型社会じゃないですか。

飯尾　環境の循環と、そして技術伝承の一つの象徴として、名古屋城本丸御殿の復元があります。

横井　技術の伝承は重要です。古い建物が残っていても、それを修復したり、新しく建てたりできる人がいなければ、消滅は時間の問題です。韓国には、木造の技術者が民間にはもう、ほとんどいなくなりました。消失した南大門を再建するにも、国の技術者しかいないんです。大工の技術は朝鮮半島経由で伝わってきたというのに、です。聖徳太子が仏教と技術と大工道具をいっぺんに日本へ移入させたといわれているのに、です。

飯尾　大工と僧侶と聖徳太子！

横井　そういう意味からも、本丸御殿はしっかり再現しておく必要がありますし、職人の世界でいえば「天下普請」にすべきです。

飯尾　天下普請？

横井　そう天下普請。名古屋城が徳川家康の号令一下、日本中の職人を集めて築かれたように、天下の職人が結集するような事業にしてほしい。いわば職人のサミットです。

そうすれば、今後十年、十五年は「職人の集まる街、名古屋」になる。そして、普請の全記録、たとえば壁土一つにしても、どれくらい練って、どれくらい寝かして、どれくらい使ったか、すべて画像で残したい。木材はどこのものを使って、どういう寸法で、だれがどのように削ったか。映像にして残しておけば、百年、二百年、三百年後にたとえ大修理の必要ができても、再度調査しなくてすむでしょう。記録を残しておくことで、保守点検にもいろいろな人の意見を反映できる。天下普請にふさわしい手引き書も残しておくことができるでしょう。今のままでは塀に囲まれたまま、広く知恵を集めることなく、多くの人によくわかるかたちで技術を伝え残すこともできなくなってしまいます。少なくとも映像記録に予算を付けてもらいたい。将来国宝になるようなものを造るのだから。

飯尾　できあがった建物だけではなく、復元のプロセス自体が名古屋市民の、というより、「国宝」に値するということですね。環境的な価値も記録しておいてほしいなあ。

横井　この建物にどんな木材がどれだけ使われて、二酸化炭素をいつまでどれだけためておけるかということまで含めると、環境問題にもなりますね。

飯尾　本丸御殿の復元がどれだけ環境貢献に結びつくか、そういったデータもどんどん伝えていくべきです。身近な木材を使うことで、都会から森を守ろうというやり方は、生物多様性について考えるきっかけにもなりますし。

横井　毎年、私たちの団体で市内の小学校に木製の机といすを寄贈して、図書館なんかで使ってもらっています。ただ寄贈するだけでなく、子どもたちにそこへラベルを貼ってもらいます。CO_2が個々にどれだけ閉じこめられているかを表示したラベルです。そして、木を燃やすとCO_2が出るけれど、こうやって使えばそれだけでCO_2が大気中に出ないように固定することができて、温暖化防止に役立つんだよと、説明します。

子どもたちはうなずきながら聞いてくれます。温暖化だ、CO_2だと言われてみても、ふだんは目に見えないから、危機だ、危機だと言われてもなかなか実感がわきません。木材はCO_2にかたちを与えてくれるんです。

飯尾　ごみと違って相手がまったく目に見えないから対処しにくいのが温暖化。この中に温暖化の原因になるCO_2をためられるんだよと教えれば、子どもたちも実感してくれるでしょう。いちばん身近な「見える化」ですね。

横井　本丸御殿もそういうふうに利用したい。きっと、絶大な効果がありますよ。

飯尾　技術だけでなく、未来の子どもたちに「環境」を伝えてくれるんですね。私たちはこの本丸御殿に、こんなにCO_2を閉じこめましたと、胸を張って記録に残しておけばいい。千年先まで残るはず。

横井　とにかく、建ててしまったら、はい終わりということにはしたくない。大工だけではなく日本中からできるだけ多くの人が普請に参加して、未来に何かを伝え残す仕事にしたい。環境だって同じじゃないですか。結局は百年先、千年先の子どもたちに、今を生きる私たちが何を残せるか、どんなメッセージを伝えられるかということでしょう。

6

辻　淳夫

「生物多様性の問題の本質は、人間の生存基盤が、もうかなり危ういんだということです」

辻　淳夫（つじ　あつお）

一九三八年生まれ。大阪府出身。

一九七一年に渡り鳥の世界を知り、シギ、チドリ、鷹の渡り、アジアサイチョウの調査のとりこになる。藤前干潟の保全活動に集中し名古屋市のごみ埋立計画を断念させ、ごみ行政に画期的な転換をもたらした。藤前干潟のラムサール条約登録を出発点に、豊かな伊勢湾を取り戻すための活動を始める。

現在、ＮＰＯ法人藤前干潟を守る会理事長、日本湿地ネットワーク代表、伊勢・三河湾流域ネットワーク代表世話人。

とき　二〇〇八年八月二十六日
ところ　志喜

◆名古屋市を動かしたアナジャコ

日光川と庄内川に挟まれた名古屋港の最奥部、薄暗い水面は、お世辞にも美しいとは言い難い。背後には巨大なごみ焼却場、目の前には臨海の工場群が立ち並ぶ。生き物は普段、ほとんど目立たない。

名古屋港に奇跡のようにぽっかり残る三五〇ヘクタールの自然の干潟、藤前干潟（名古屋市港区、愛知県飛島村）とはそんなところだ。潮が引き、干潟が現れる。干潟とは泥の浜である。シギやチドリなど、越冬地の東南アジア、オセアニアから繁殖地のシベリアやアラスカをめざす渡り鳥の大群が、一万キロに及ぶ長い旅の途中で、しばし立ち寄って、ゆっくりと羽を休め、おなかいっぱい栄養を補給する。その光景は確かに美しい。

だが、藤前干潟の真価は、楽園の風景の中にはない。本当の宝は、潮が引いても目に見えない水底の泥の中にある。

上流の森がはぐくむ豊かな水が、田畑を巡り、川筋を抜けて河口へと流れ込む。自然の干潟の泥の中では無数の小さな生き物が、川からの養分と太陽の光をたっぷり受けて育っている。鳥たちはそれを狙ってやって来る。藤前干潟は、渡り鳥の大群が、食べても、食べても、食べ尽くせないほど、たくさんのいのちに満ちている。

森、川、里、海の連なりがはぐくむ生き物の宝庫、いのちがにぎわう生物多様性の舞台だからこそ、藤前には守るべき価値がある。

松原　いやあ、あのときは感動しましたねえ。

辻　ああ、アナジャコの「巣穴」を見ていただいたときですね。

一九九八年五月、名古屋市の家庭から出るごみの最終処分場を造るため、藤前干潟を埋め立てる、埋め立てるなという騒ぎのまっただ中、市長の松原は、初めて現地を視察した。そのときに、辻が松原に見せたのが、干潟の泥の中で生活する代表的な生き物、アナジャコの「巣穴」だった。

アナジャコは日本列島のほぼ全域に生息する。場所によっては単に「シャコ」とも呼ばれるが、ヤドカリの仲間でシャコとは別の生き物だ。体長は十センチ程度。泥の中にＹ字型の深い巣穴を掘って暮らしている。巣穴の深さは三メートルにも及ぶ。

もう一つ、松原を驚かせたのは、こうした水辺の小さな生き物が海水の浄化を担っていることだ。里の人家や事業所などからたれ流される排水の中の有機物を分解し、食べることで育ち、汚れた海水をきれいにしてくれている。人間の後始末をしてくれているということだった。

辻　アナジャコの「巣穴」は、名古屋市による環境アセスメント（影響評価）公聴会で見せるため、三カ月がかりで掘り出したものです。公聴会は九七年の五月、七月、八月と三回にわたって開かれました。通常は一回限りのものなので、とても異例なことでした。干潟を代表する生き物として五月の一回目のときにアナジャコの写真を見せました。それでは足りないと、三回目に「巣穴」の型取り模型を持ち込みました。本物の巣穴の中に石膏を溶かし込んで、それが固まったころに掘り出すという方法ですから、作業は、潮が引いたときにしかできないし、枝分かれした巣穴全体になかなかいき渡らせることができません。何度もやり直して、やっと型を掘り出して、ようやく間に合わせることができました。石膏製の初代は途中でつなぎ合わせたりした、ごつごつしたやつでしたが、樹脂を使ってやり直したものを市長に見ていただいたと思います。

飯尾　辻さんは、アナジャコの生態をよくご存じだったんですね。

辻　それが全然！　ぼくが初めてアナジャコを見たのは、一回目の公聴会の前日でした。深さ四十センチと七十センチの穴の中から引っ張り出した二匹のアナジャコです。実際にはアナジャコを無傷で捕まえるのは本当に難しい。アナジャコの研究者に来てもらって、直径十二センチ、長さ一メートルのエンビのパイプを干潟に打ち込んで、泥のコアを抜き出すのですが、一回目、二回目に成功したのには驚きました。経験上、その中にうまくアナジャコが入るのは二十回に一回くらいの確率です。当時はデジカメがなかったので、普通のカメラでリバーサルで撮って、その日のうちに急いで現像してもらって、ぎりぎり公聴会に間に合わせることができました。本当に運がよかったと思っています。

飯尾　それが、名古屋市をも動かした。

辻　アナジャコは不思議な生き物です。世界中から化石が発見されています。はるか昔から地球上の至る所にいたわけですが、いまだにその生態はよくわかっていないんです。なんであんなに深い巣穴を掘るのかもわかりません。

松原　干潟とは、文字通り底知れないものなんだと、あれを見て深く実感することができました。

◆いのちのつながりが見えてきた

萩原　そもそも、辻さんはどうして藤前干潟にかかわるようになったんですか?

辻　正確には一九七一年からでした。それまで、鳥の世界のことはまったく知りませんでした。七〇年に結婚して、日進市（名古屋市東郊）に新居を構えたんですが、近くに里山があったので、ちょくちょく散歩したりするうちに、自然に鳥や周りの里山の生き物に親しむようになりました。鳥に関心はありましたが、双眼鏡を買ってまで見たいとは、思っていませんでした。そのころ、たまたま『野鳥の四季』という本を読む機会がありました。そこで初めて「探鳥会」というものがあることを知りました。「長靴をはいて、双眼鏡を持って、地下鉄に乗るのには勇気がいるけど」なんて書いてありました。おもしろそうだなあと思って、書いてあった探鳥会の連絡先に電話しました。ひと月ほどあとに鍋田干拓（木曽川河口部の干拓地）で探鳥会があると聞き、結局双眼鏡を買って首からぶら下げて、意気揚々と出かけていきました。堤防を歩きながら鳥を見ました。海側の干潟に鳥たちがたくさんいるのに驚きました。鳥を見ていると、昔のことを思い出しました。

ぼくは以前、名古屋市南区の鉄鋼会社で働いていて、伊勢湾台風（一九五九年九月二十六日、鍋田周辺でとくに大きな被害が出た）を経験しました。就職して二年目、自分が設計した設備の試運転の前日でした。数え切れないほどの死者（行方不明者と合わせて五千九十八人、負傷者約三万九千人）が出て、大変でした。災害のあと、高度経済成長期に入り、臨海部に新工場を造ることになりました。砂嵐が吹き荒れる埋立地で新工場を建設する仕事をやりました。試運転が始まりましたがすぐには製品ができず、「これでは赤字だよ」という声も聞かれるような状況でした。あるとき工場長に「こんな海の中に工場なんか造って、もうかるようになるんですか」と尋ねたことがありました。そしたら工場長は「今は赤字でもいい。土地さえつくれば、いずれは地価が上昇するから」と言いました。それを聞いて、へえ、そんなものかと妙に感心したのを覚えています。

そのころぼくには、海を埋めるということがどういうことなのか、まだわかっていませんでした。でも、海の中に好き勝手に線を引いて土地を造って、何かトルストイの「イワンのバカ」の話みたいと思ったのを覚えています。三年目には工場は順調に稼働するようになっていて、あまりすることがなくなりました。保守の仕事ばかりでつまらないので、夜学に行かせてもらうことにしました。名城大学で数学を勉強しているうちに、今度はそちらの方がおもしろくなってきて、会社を辞めることにしたのです。「せっかく育てたのに、仕事を放り出すなんて」と、きつくしかられましたが、意外にあっさり会社を辞めて、結婚して、住む場所が変わって、鳥を見るようになりました。

松原　人生の転機に、鳥を見たんだ。

辻　一年ほどまじめに探鳥会に参加して、鳥を見分ける練習に励んだものでした。そのころ鳥を見た場所は、名古屋港の西五区という、伊勢湾の高潮防波堤の内側でしたが、出かけるたびに、浚渫現場が近くへ迫ってくるんです。埋め立てが進んでいたんです。ああ、かつて自分がいた工場もこれをやっていたのだと、初めて気づかされました。海が潰されて砂の大地ができていくわけで、大変なことになってしまうと、恐ろしくなりました。何とかこれを止めなくてはと、鳥仲間と相談を始めました。地元の野鳥の会のトップの方——校長先生でしたが——には「みなさんはまだ若いからそういうことを言うけれど、埋め立ては長い間の計画に従ってやっていることだから、経済というものはこうして回っているのだから、野鳥の会が余計なことを言うわけにはいきません」と、しかられました。それでも何とかしたいと、ちょうど支部で野鳥の会の全国大会を誘致することになったので、その機会を活かすことにしました。田原町（現田原市）汐川干潟にも珍しい鳥（ソリハシセイタカシギ）が来たというので見に行ったり、愛知県全体の生息状況を調べようということにもなりました。見たり聞いたりして歩き、鍋田干拓地と汐川干潟が渡り鳥にとってどんなに大切な場所かを全国大会で報告し、汐川干潟へバスツアーを行いました。

翌一九七二年には奈良での全国自然保護大会に行ってアピール。初代環境庁長官だった大石武一さんも、出席してくれました。大石さんには「言いたいことがある人は、一列に並びなさい」と言われて並び、干潟の保護を訴えました。当時は環境庁もできたばかりで、まだ熱かったころでした。環境庁は一九七一年に、厚生省や林野庁など関係省庁から人材を集めて発足したばかりでしたが、そのとき「環境をよくするぞ」と志に燃えて入庁した生え抜き組が、後に藤前保護の主役になってくれました。

環境庁は環境省への昇格（二〇〇一年）を控えていましたし、九七年に環境影響評価法（アセス法）が成立し、各種開発事業に対して環境アセスメントが法で義務づけられるという、そんなタイミングを得て藤前は守られたのだと思います。藤前干潟を守る会の前身になる「名古屋港の干潟を守る連絡会」が発足したのは、八七年で、まだそのときは西一区と呼ばれていました。

飯尾　アセスメントで、再調査がありましたね。

辻　アナジャコの巣が深さ三メートルにも及ぶということは、干潟の表面の泥を取って生き物の生息状況を調べてみても意味がないということですよね。専門家でなくてもわかります。シジミなどは採れますが、カニさえほとんど入りません。アナジャコのような地中深くに潜む生き物が入らないなら、アセスメントもナンセンスだと、だれでもわかることですよね。それで、市の環境調査審議委員会に調査をやり直すべきだと主張しました。結局その再調査も十分なものではありませんでした。しかし、時間がなくて十分な調査ができないなら、環境への影響を認めようという意見が勝って、「影響は明らか」という文書が出たわけです。これが大切なひと言でした。「影響は明らか」という評価が出たものを、省への昇格を期していた環境庁としては、メンツにかけても放ってはおけませんからね。

飯尾　そこで、代替案が出た。

辻　市側の進め方として、環境への影響は明らかだが、代替案として人工干潟の設置が計画されました。全国に三つの成功事例があるということだったので、私たちはＮＧＯで調査委員会をつくって、広島の五日市港人工干潟と大阪南港野鳥園北池、そして東京湾葛西海浜公園を見に行きました。いろいろ調べてみましたが、はじめのうちは渡り鳥もたくさんやってきて、成功事例に数えられはしたものの、十年もたつと、潮流や台風で砂が流されてしまい、当初の三分の一の面積も残っていないという状態でした。それらの調査報告もいつものように公開したので、さすがに環境庁も、自らも代替案を評価する委員会をつくって調査に当たり、人工干潟が代替案にはならないことを明言してくれました。これが大きな動きを呼びました。

そうそう、その前のアセスが始まる直前に、諫早干拓の「ギロチン」の写真や映像が全国に流されました。諫早をギロチンで殺したあと、次は藤前干潟をごみで埋めるのか！という問題意識が、報道に乗って全国に広がりました。それも、大きな圧力になりました。

一九九七年、長崎県で展開された国営諫早湾干拓事業の中で、有明海の中にある諫早湾を埋め立てるため潮受け堤が閉じられた。八百ヘクタールの農地を新たに生み出す事業である。

わずか四十五秒のうちに二百三十九枚の鉄板が次々と、海面を断ち切るように海に落とされていくさまは、「宝の海」といわれた有明海の生き物を殺戮していくように見え、「ギロチン」と形容された。また、その映像は、干上がって死んでいくムツゴロウの姿とともに繰り返し全国に放映され、耕作放棄や転作が問題視されるなか、自然と漁場を破壊する巨大農地干拓事業の是非論が沸騰した。

二〇〇七年事業は完成した。空から見ると、潮受け堤の内側と外側では海面の色がまったく違って見える。諫早湾の水質は悪化し、二枚貝のタイラギは壊滅状態、品質の良さで全国に知られたノリ漁も大打撃を受けた。

松原　辻さんの考え方も環境観も、干潟を守る活動とともにずいぶん変わってきたんだね。

辻　最初はただ鳥を見るのが楽しかった。詳しい人は丁寧に見方を教えてくれたし、あの雰囲気が楽しかったですね。世の中みんないい人だと思えるくらい。そうやって鳥を見ているうちに、鳥が食べているえさは何で、それがどこから来るのだろうとか、つながりが気になってきたんです。鳥のえさになるゴカイも干潟にはたくさんいます。ではゴカイが何を食べているかというと、植物プランクトンのケイ藻類です。植物プランクトンが、いわば第一走者だったんです。川が海へ出たところに浅いところ、つまり干潟があって、水の中の養分と太陽の光をたっぷり浴びて植物プランクトンが繁茂します。この植物プランクトンを動物プランクトンが食べ、それを小魚が食べます。小魚は干潟で育ち大きくなると伊勢湾へ出ていって、それを漁師が捕まえます。こうしたつながりが見えてきて、初めて干潟という生態系がだんだんわかってきたんです。渡り鳥はその一部を渡りのエネルギーにしているだけなんです。人間も鳥も、このいのちのつながりの輪があって生かされている、同じなんだということがすとんと腑に落ちてきて、干潟を潰すのはとてもいけないことなんだと、はっきり言えるようになりました。

飯尾　そうなんです。結局はぼくたち自身のためなんです。

辻　単に埋め立てるだけならその場所が壊れるだけですが、浚渫というやつは、もっとよくない。深いところの砂をかき回しながらがりがり掘るわけです。国会の委員会でも問題にされましたが、浚渫でかき回すとどうしても水は濁ります。「浮泥」という〇・五ミクロン以下の微細な泥が沈殿せず、湾内の海流に乗って散らばります。そうすると水が濁って透明度が低くなります。最初は十メートルまで届いていたはずの太陽の光が、三メートルぐらいまでしか届かなくなります。すると、藻場はあっという間に消えてしまいます。そういうことを伊勢湾でも東京湾でも繰り返してきたわけなんです。東京湾でも、最初に一カ所埋め立てた影響が急速に広がっていきました。最初は反対していた漁業者も補償金がもらえるうちにと、漁業権の放棄を考えます。無理もないことでしょう。一人でがんばっていても、水が汚れて次第に魚が取れなくなっていくわけですから。早く補償金をもらった方がいいということになる。わが伊勢湾でも同じことをやって来ました。工業化のために。しかし、犠牲が大き過ぎました。名古屋のゆたかな漁業、かつて千二百人もいた下之一色の漁師さんたちは、いったいどこへ行ってしまったのでしょう。

◆環境首都は夢じゃない

松原　さて、そのような負の流れを変えた藤前干潟の埋め立て中止、ごみ非常事態宣言、そして愛・地球博を通じて、名古屋には人的な環境インフラ、環境首都づくりを担う人材が急成長したと思います。これはすごい財産ですよ。その財産を次の一般廃棄物処理基本計画、つまり二〇二五年までのごみ処理計画にすべて集約することができたら、これはすごいことになります。

辻　ぼくは、藤前干潟を守ることができたのは、基本的にごみのおかげだと思っています。ごみが絡まなかったら、藤前という渡り鳥のえさ場をごみ以外の理由で破壊するというのであれば、抵抗できずに押し切られてしまっていたと思います。ほかがそうだったように、やられていたと思っています。ごみだったから、自分たちが出すごみで藤前を潰してしまうのがいやだったから、鳥のことを何にも知らない人たちにも、反対の輪が広がった。生態系の話より、自分たちが日々出しているごみの話をする方がわかりやすいですから。まさしく市民運動でした。確かに藤前からごみ減量は劇的に広がっていったし、それはすごいことだと思う。でも、それで本当にごみ問題は終わったの、これだけリサイクルだ、なんだといっても、本質的なところはどれだけ変わったの、という疑問が常にある。運搬や選別に、相変わらずものすごいエネルギーや人手をかけているけれど、本当にこんなことでいいのかと——。

萩原　終わらせてはならない問題です。「文化」に終わりはありませんから。

辻　ぼくは、非常事態宣言のころからずっと、日本のごみ焼却主義が心配です。何でも燃やせばいいという安易な考え方が、まだごみ処理の根っこにある。日本ではいつのころからか、焼却工場をばんばん建てるのが主流になってしまっていて、世界的にも極めて焼却率の高い国になってしまいました。焼却工場をつくるのに何百億円というお金をつぎ込んでいます。焼却工場を造れば焼却するものが必要になってしまいます。ごみが増えてもいいことになってしまいます。プラスチックを燃やしていい自治体もたくさんありますが、ぼくはそれが一番いやなんです。そんなふうに話を持っていったら、名古屋市民のこれまでの努力が水の泡ではないですか。東京ではすでに燃やしています。いま一度名古屋市民に目覚めてほしいのはそこです。焼却はやめようと思えばやめられるということを知ってほしい。問題になるのは生ごみですが、南区では堆肥化のモデル事業が成功しているではありませんか。必要なのは、名古屋市全体にそれを広げる工夫だけ。

飯尾　リサイクルは不経済とか、効率的ではないという「学説」を振りかざして、何でも燃やしてしまえという人もいますが、何でも燃やせばすむのなら、ぼくたちだって自分たちが出すごみに関心が持てなくなるし、減らそうと努力もしなくなる。経済効率よりも大切なのは、みんなでごみを減らす意欲と仕組み。

辻　ぼくはよく言うのですが、水はプラスチックの容器から飲むより、ガラスのコップで飲んだ方がおいしいではないですか。これはだれの感覚でもわかりますよね。何かの会議のときにペットボトルがずらりと並べられて、さあ、ご自由にどうぞというのは寂しいですよね。絶対においしくないし。おいしくないという人間の感覚を大切にすればいいんです。陶器やガラスには安心感がありますし、Reuse（リユース＝もう一度そのまま使う）ができて、Recycle

6　辻　淳夫「生物多様性の問題の本質は、人間の生存基盤が、もうかなり危ういんだということです」

（リサイクル＝再生して利用する）も１００％可能です。普段から「物」の本質をとらえる感性を取り戻さねばなりません。自然と接するのも、そういった感性を取り戻す一つのきっかけだと思います。たとえば実際に干潟に足を踏み入れてみると、触覚の世界が開けます。足の裏の感覚なんて、どうあがいても正確には表現できませんよね。人に聞いたり、写真やインターネットで見たりするだけでは、本当のところが見えません。見せられたものだけを見て物事を判断してはいけません。市長はアナジャコを見て、これはヤバイと思ってくれました。それが感性というものだと思います。

松原　結局、ハギさんも言うように、これからは、発生抑制ですね、Reduce（リデュース＝減らす）が先頭にならんといかんと思う。

辻　３R（リデュース、リユース、リサイクル）、３Rと騒いでも、現実にはリサイクルばっかりで、リデュースの方には動いていない。ごみに関しては、これまでにみんなで実によくやってきた。それは誇っていいことですが、でもこの結果に満足していていいのでしょうか。

松原　ごみに関しては、もう一度みんなで見直してみないといかんね。新しいごみ処理基本計画は？

萩原　革命的な計画ですよ。何せ埋め立ては限りなくゼロに近づけますから。

二〇〇八年から始まった名古屋市の第四次ごみ処理基本計画には、住民基本台帳から無作為抽出で選ばれた「なごや循環型社会・しみん提案会議」の意見を積極的に取り入れた。萩原はその副実行委員長だった。合言葉は「ごみも資源も元から減らす」。ごみ（資源）が排出されることを前提にしたリサイクルから、ごみを元から減らす「発生抑制」へと大きく舵を切った。

ごみプラス資源の総排出量を二〇〇六年度の百八万トンから二〇二〇年には百四万トンに、資源分別率を同じく35％から48％に、焼却などによるごみ処理量を、七十万トンから五十四万トンに、そして埋立量を十万トンから二万トンに、それぞれ減らすという「挑戦目標」を掲げている。

飯尾　ごみ減量と万博を通じて成長し、連携を深め合った市民という「財産」に、二〇一〇年の生物多様性条約締結国会議（ＣＯＰ10）で磨きをかければ、環境首都は夢じゃない。つい最近まで、ひとくちに環境首都とはいいますが、行政と市民はおろか、市民団体の間でも、同床異夢のようなところがあった。自然保護をやる人は「野生の王国」を、ごみ減量に取り組む人は「夢の島」を、それぞれ勝手に追い求めるようなところがあった。しかし、時間をかけてお互いに理解が深まってきた。道のりは違っても頂は一つという感覚ができてきた。藤前を守るまでのプロセスも、とても貴重な「財産」です。生物多様性会議では、進化した「協働のエンジン」が、どれだけ多様な性能を発揮できるかが試されます。

萩原　ポスト万博のイベントではなく、「協働のエンジン」のヴァージョンアップ。当然の道筋なんですね。深いなあ。

辻　多くのみなさんが、まだ誤解されているのではないでしょうか、生物多様性というのは、いわゆる「生物」の世界だけの話ではないんです。人間以外の生き物に限定して考えてしまうから、「なんだ、所詮、生き物のことなのか」と、知らんぷりをされてしまう。

飯尾　まったく同感です。人間も所詮生き物だということが忘れられがちだというか、棚上げにされてしまいがちだというか——。

辻　われわれ人間は、実は生き物に依存して生きています。生物多様性の問題の本質は、人間の生存基盤が、もうかなり危ういんだということです。

飯尾　それもまた、同感ですね。

　国際自然保護連合（ＩＵＣＮ）が発表した二〇〇八年版絶滅危惧種リストによると、地球上に生息する四万四千種の生き物のうち、一万六千九百二十八種が絶滅の危機にあるという。全体の約四割だ。絶滅危惧種の数は、前年に比べて六百二十二種増えた。

二〇〇二年、オランダのハーグで開かれた生物多様性のＣＯＰ７では、「締約国は現在の生物多様性の損失速度を二〇一〇年までに顕著に減少させる」という「二〇一〇年目標」を採択した。COP10は、その成果を振り返り、二〇一一年からの新たな目標を定めなければならない重要な節目に当たる。ところが、生物が絶滅していくスピードは二十年前に比べて、四百倍にも加速しているというのが現状だ。

「二〇一〇年目標」は抽象的で、達成の方法も締約国それぞれに任されていた。名古屋では、数値目標を取り込んだ具体的な目標を定めたいとの機運も高まっている。その意味で、もし「名古屋議定書」、あるいは「名古屋目標」といったものができるとしたら、COP10は、気候変動のCOP3、京都会議同様、環境史に残る会議になるはずだ。

◆名古屋市の食料自給率はわずか1%

辻　さっきの話の続きでいえば、藤前のときは、ごみは本当は自分たちの身近な問題なんだと多くの人が感じたときに、光明が見えてきた。COP10も同じですよね。COP10をきっかけに、これまではなんだかよくわからなかった「生物多様性」というものが、やっぱりすごく生活者に身近な問題で、海の幸をはぐくむ海とか、食卓に山の幸を届けてくれる山や森とかが本当に大変なことになっている。それを何とかしようという会議でもあることを、もっとよく知ってもらわなければいけません。日本の食料自給率はわずか40%と先進国中最低なのに、今のところは外国とかいろんなところから買ってきて、スーパーには豊富にそろっているから、食べ物、すなわち生物の危機的状況がよく見えない。

松原　名古屋市の食料自給率はわずか1%です。

辻　1%ですか、そういう事実を肌で感じていかないと。

飯尾　生物多様性というと、なんかすぐに、田舎暮らしのような状況を想像しがちになりますが、実際に多様性喪失の影響を受けるのは、都市の方が先なんですね。都市住民こそ、「消費者」として、生物多様性の恵みをたくさん受けて暮らしています。都市住民こそ考えなければならない問題です。その意味で名古屋という大都市で開催するにふさわしい会議だと思います。

松原　たとえば、食糧自給率40%のモデルで朝、昼、晩のメニューを作るとどうなるか。一度実際に試してみるか。

飯尾　実は読売新聞がすでに実験をしていましてね、食料や飼料穀物の輸入が完全に止まった場合、農水省の試算によると、一日九百九十六キロカロリーしか採れなくなります。政府の「食料・農業・農村基本計画」に盛り込んだ施策が実現すると、二千二十キロカロリー採れるんです。二日ずつ、両方に記者を挑戦させました。九百九十六キロカロリー二日目で、歩けない、頭がもうろう、仕事に手が着かない状態に陥ったと本人が書いています。何せ、晩ご飯でも、ご飯七十五グラムに焼きサバ一かけら、あと青菜と野菜の酢の物が少々ですから。

萩原　そりゃあ、ぼくでも厳しいなあ。

飯尾　飼料が足りないから肉は育たない。大豆の輸入が止まると味噌汁もしょうゆもなし。今や日本型食生活さえ、輸入がなければ成り立ちません。

松原　味噌汁もだめですか。

飯尾　味噌汁は週に一回。

松原　名古屋市はどうなるだろう？　そうなったら、自分のところで作ったものは自分たちで食べますよね。だれも名古屋に売ってくれん。

萩原　皮肉にも地産地消が進みます。

松原　水耕ミツバ（名古屋市中央卸売市場で取り扱うミツバの約三分の一は市内産）ばっかり食べとるわけにいかんしなあ。八事五寸ニンジン（名古屋の伝統野菜）もまったく量が足らんし。どうぞこうぞ（どうにかこうにか）足りるのは南陽町（港区）のコメぐらい……。

辻　二百二十万人分にはちょっと……

松原　今いろんなところで、駐車場なんか造っとらんで、もう一度コンクリートはがしてサツマイモ植えた方がいいよと、すすめています。

飯尾　長崎のハウステンボスはかつて、廃棄物、排水ゼロという理想の環境都市をめざしていましたが、付属のゴルフ場があることを知って、当時社長だった神近義邦さんに、「ゴルフ場の環境負荷って高いですよね」って意地悪を言ってみたことがあるんです。そしたら神近さん、涼しい顔して「あれは、畑なんですよ」って、「近い将来、食糧危機がやって来ます。そのとき、あそこを耕して、社員を生き延びさせようと思っています。だから、除草剤は使っていません」ですって。そのときは冗談だと思って笑っていたけど、今ではしゃれになりません。すごい洞察力だった。

松原　前にも言ったことがありますが、例のヘチマカボチャ。戦後の食糧難の時代は朝から晩まであればっかり食べとった。簡単に作れて、量だけあって、水っぽくて、まずいカボチャ。桜山（昭和区）のあたりではアスファルトをはがしてサツマイモばっかり作っていたし、側溝という側溝はみんな埋めてしまって、キュウリなんかも作っていた。あんなのはもうこりごりですよ。

萩原　たった半世紀前のことですが、この国で飢えを体験した人はだんだん少なくなっています。だれかが、それをわかりやすく伝えていかないと、自給率は上がりませんよ。安全保障から言っても、食い物がない、食えないってのは深刻なテーマだからなあ。

飯尾　その安全保障を考えるのと、生物多様性を考えるのとは、重なる部分が多いんだ。

松原　生物多様性の大切さは、食べ物から訴えるのが一番切迫感がある。

辻　それなんですよ。

萩原　そう思うなあ。

7

杉山範子「CO_2、60％削減モデルを作っています」
広田奈津子「たれのない納豆、好評ですよ」

杉山範子（すぎやま　のりこ）　写真上

岐阜県生まれ。一九九二年、愛知教育大学を卒業し、財団法人日本気象協会東海支社へ就職。一九九五年四月〜二〇〇二年三月まで、テレビ愛知のニュース番組にウェザーキャスターとしてレギュラー出演。その後、名城大学大学院理工学研究科環境創造学専攻修士課程に入学。二〇〇四年、名古屋大学大学院環境学研究科社会環境学専攻博士課程へ進学し、環境政策論講座で気候政策（温暖化対策）を研究。二〇〇八年三月、博士（環境学）の学位を取得。

名古屋大学大学院環境学研究科社会環境学専攻、助教。NPO法人気象キャスターネットワークに所属し、地球温暖化問題の出前授業を全国の小中学校で実施。名古屋産業大学環境ビジネス学部非常勤講師。環境カウンセラー（市民部門）。なごや環境大学実行委員。

広田奈津子（ひろた　なつこ）　写真下

一九七九年愛知県生まれ。アメリカ大陸やアジアなど、自然と共生する民族に知恵を学び、二〇〇二年に音楽交流活動「環音」を立ち上げる。そのなかで海外の自然破壊の多くに日本の経済活動が関わっていることを知る。二〇〇六年、ブログミーツカンパニーを立上げ、企業向けのエコ提案を募り、賛同署名とともに企業へ届け、実現すれば買い支える活動として展開。

ＣＯＰ10なごや生物多様性アドバイザー。二〇〇九年、旧暦の行事を楽しむ「こよみあそび」をスタート。また、ドキュメンタリー映画「CANTA! TIMOR」を監督。

とき　二〇〇七年七月二十五日
ところ　志喜

◆CO_2削減のジャンヌダルクと3Rのヒロイン

松原　やっぱり天気はおかしくなっていますかね。
杉山　おかしく、といいますか、気温が上がってきていることは確かです。
松原　全体に気温が上がってきているということですね。やはり温暖化。よく、温暖化するならするでいいじゃないか、名古屋が沖縄みたいになれば——とか、言う人もいるけれど。
萩原　そう単純にはいかない。
松原　名古屋にガジュマルが生えるのか、と専門家にきいたことがある。でもガジュマルの方でそんな急激な気温変化には適応できないから、生えては来ない。今いる生物もおかしくなってしまう。緩やかな変動ならいいが、今のような急激なやつだと生態系自体がだめになると言われた。やっぱりそうなんですかねえ。
飯尾　太古、生態系の頂点に君臨していた恐竜も、わずかな気温の変動に耐えきれなくて絶滅したという説があります。上昇幅を産業革命以前の二度以内に抑えないと、大変なことになるというのは、今や世界の常識ですが、世界中で平均二度って、すごいから。
広田　体温が二度上がると、もう大変。

7　杉山範子「CO_2、60%削減モデルを作っています」
広田奈津子「たれのない納豆、好評ですよ」

松原　おコメがよくとれるようにならんかな。

リンゴの花が咲くころ、長野県の生産者が真顔でつぶやいた。

「そのうちミカンを作ることになるのかな」

農家は温暖化の進行を肌で感じ取っている。

もともとコメは熱帯、亜熱帯の作物だ。品種改良を重ねて寒冷地でも栽培できるようにした。品種改良の歴史は冷害との戦いの歴史と言っていいだろう。

温暖化の進行は、日本の作物地図を塗り替えようとしている。

かつて「やっかいどう米」といわれた北海道は、今や新潟と並ぶ上質のコメどころ。「ゆめぴりか」の味は「魚沼コシヒカリ」をしのぐという評判だ。

危機感を感じた福岡や滋賀などでも、暑さに強いコメの開発、栽培に躍起になっている。

国立環境研究所などの予測によると、このまま温暖化が進行すると、コメの収穫量は二〇五〇年ごろまでに北海道で26%増えるが、東北南部以南の多くの地域で10%程度の減収になる。

ミカンの産地は北上し、リンゴやトマト、ピーマンやキャベツなど冷涼な気候を好む野菜の生育や品質が悪化するという。

萩原　五年以内に食糧危機が襲来するとまことしやかに言われていますね。
飯尾　中国が二〇〇四年に農産物の純輸入国になりました。これは大変なことだと思います。
松原　十二億が飽食を始めたら、もう日本に食料は入ってこんな。ところで、広田さんの「環音」というのは、何をやってるの？「音」は音楽の音？
広田　音楽で外国、とくに平和を貫いて独立した東ティモールとの交流を進めようと始めた任意団体なんです。自然と共生する文化には必ず魅力的な音楽があって、音楽があれば言葉は通じなくてもわかり合えますから。
飯尾　この人は、東ティモールへ行くと、大統領に謁見できるんです。
広田　学生のときには、萩原さんのところでボランティアをしたこともあります。
萩原　リサイクルステーションで市民から集めた資源の仕分け。このあいだ、ようやく思い出しました。
飯尾　ついこのあいだのことですよ。彼女の学生時代なんて。
松原　それでは今、本業はミュージシャン？　プロモーター？　地元にいるの？
広田　ずうっと名古屋に住んで、環境活動をしています。学校に講演にいったりとか、イベントを企画したり、司会をしたり――。
松原　ぼくらはすぐに、それでどうやって食べているのかと、つい心配になってしまう。

7　杉山範子「CO_2、60%削減モデルを作っています」
広田奈津子「たれのない納豆、好評ですよ」

飯尾　大丈夫です。これからはこの二人が名古屋の環境をリードします。やっぱり女性の時代。

萩原　このあいだ、安部（晋三、当時の首相）が、Ｇ８のサミット（二〇〇七年、ドイツ・ハイリゲンダム）で「美しい星」とか、「環境立国戦略」とか言っていました。理念はいいけど、肝心の、どうやってそれをやるかが何も書いていない。

松原　官邸の頭でっかちが書いた作文ではね。

萩原　だから、二十一世紀の名古屋では杉山さんがCO_2削減のジャンヌダルク（神の啓示を受けて英仏百年戦争でフランスを勝利に導いた十五世紀の少女）、広田さんが３Ｒのヒロインという戦略で環境首都に邁進しようと。

◆チームマイナス60

杉山　私は今、名古屋大学の大学院で温暖化を研究しています。ゼミでは「チームマイナス60」というのをやっています。

松原　（チームマイナス10は）負けたねえ。

杉山　まだまだおおざっぱな素案ですが、竹内（恒夫教授、後出）先生の指導のもとで、細かい計算に悩まされながら、CO_2、60％削減モデルを作っています。

このとき、杉山が示した「中間提案」には、マイナス60％のロードマップ（工程表）が示されていた。

ロードマップは二〇二〇年ごろまで、すなわち中期目標的なものと、二〇五〇年までの長期目標的なものが二種類あった。

それによると、まず二〇二〇年ごろまでに、家庭・業務用電気製品、自動車をトップランナー製品（電気製品の省エネ基準や自動車の燃費や排ガスの基準を、市販されている物の中で最も高いレベルに設定する）に転換することで、現状より12・8％削減、産業用の重油は都市ガスに、石炭はＲＤＦやＲＰＦ（紙ごみやプラスチックごみを固形化した燃料）にそれぞれ転換し、生ごみや下水汚泥から都市ガスを製造させて、同じく3・1％削減できる。これで合計15・9％削減できる。

ＲＰＦと生ごみなどのガス化によって、ごみ焼却場が不要になるというおまけもつく。

五〇年までには、分散した都市機能を十から二十地域に集約する。つまり、コンパクトシティー化する。

そのうえで、天然ガスによる熱併給発電所（ＣＨＰ、排熱で地域冷暖房や給湯）を十から二十カ所整備、ビルなどに太陽光発電を普及させる。同時に愛知県碧南市の石炭火力発電所を順次運転終了させる。これで現状から27・1％。集約した地域間で地下鉄を活用し、充電

7　杉山範子「CO_2、60％削減モデルを作っています」
広田奈津子「たれのない納豆、好評ですよ」

式の電気自動車を普及させることで6・4%、そして引き続きトップランナー製品への転換を進めて10・7%。計60・1%と、杉山ははじき出した。

松原　その熱併給発電所というのは、二、三年で造れるんですか?

杉山　それは、ちょっと……。

松原　碧南火力は石炭でやっとるんですか、なんとかせんといかんなあ。

杉山　北半球で一番大きな石炭火力発電所です。

飯尾　つまり、先進国では一番でかい。

杉山　オーストラリアから船で石炭を運ぶ際にも、いっぱいCO_2を出しています。

松原　私たちは、二〇一〇年までに、地下鉄桜通線が延伸される徳重のターミナルを中心に、コンパクトシティーのモデルをつくりたいと考えています。移動にエネルギーをかけない暮らし方のモデル。名古屋大学の林先生（良嗣・名古屋大教授、当時環境学研究科長）に相談をしていますが、その方はもっと過激で、「撤退区域」をつくるべきだと。地形的、自然条件的に、人が住むべきではないところがある。そこからは撤退すべきだと。たとえば海抜○メートルのところに人を住まわせるために、堤防をどんどん高くするようなことはすべきじゃないと。

飯尾　アメリカなんかでは、大河の脇に氾濫原を取りますよね。川を氾濫させるための「のりしろ」みたいな空地。国土が広いですからね。

松原　人が住むべきじゃない場所は、ちゃんと地名に表れる。

飯尾　昔の地名にはさまざまな意味が込められています。機械的に住居表示を進めるべきではないですよ。たとえば日本最西端の与那国島に住む友人が、そういうのを研究しています。十年ほど前に北海道でトンネルの崩落事故がありましたよね。古平（ふるびら）峠という場所で。与那国の島言葉で「ふるびる」は「転ぶ」とか、「崩れる」という意味があるんだそうです。与那国の島言葉と北海道のアイヌ語はよく似ているというのが、彼の説。先住民はちゃんと地名に警告を残しておいたんだと、彼は主張していました。たとえば、名古屋では「吹上」や「千種」なんかも、湿地を連想させる地名ですよね。

松原　北区の清水も、昔、清水がわき出していた場所ですよ。

萩原　水がないと街はできない。

松原　私たちには言いづらいことですが、人には居住の自由がありますからね。それでも、街が分散すればするほど、社会資本はものすごくかかるし、環境負荷も高くなる。自然災害への備えも難しくなるのは事実。

杉山　自然の猛威と競い合うのではなく、違う方策を考えなくてはいけないのではないでしょうか。

7　杉山範子「CO_2、60%削減モデルを作っています」
広田奈津子「たれのない納豆、好評ですよ」

松原　堤防をどれだけ頑丈にしてもきりがない。撤退区域も考えんといかんのか……。

飯尾　エジプトのナイル川に、アスワン・ハイ・ダムというばかでかいダムがありますよね。あれをつくってナイル川の氾濫を食い止めたのはいいけど、氾濫が止まったために、周辺の農地がやせ細り、大量の化学肥料を生産するために、ダムが発電するよりたくさんの電力が必要になったんだって。

萩原　本当にばかなことをやっていますよ。おかしいです。

広田　人間は自然の恵みをたっぷり受けて暮らしているのに、それを自らなくしてしまうようなことを平気でします。なくしてから気がついて、あとから何とかしようとすればするほど、無駄なお金やエネルギーをたくさんつぎ込まなければならなくなって——。

◆スイカは夏、イチゴは春

松原　旬のものを食べるようにしないといかん。季節外れの生鮮食品には税金をかけるとか。

飯尾　ハウスの加温栽培ってそれこそ悪循環なんです。人より早く食べたいために、まずハウスを建てなければなりません。閉鎖した中で重油をばんばんたけば虫がわきます。そこで、閉鎖した空間で農薬をまいたらどうなるか。悪循環の典型です。そのうえ、重油代や農薬代まで消費者持ち。

萩原　たとえばスイカは夏、イチゴは春。一年に一度自然に食べられればいいですよ。ないものは、どこを探してもない。その方が自然です。

松原　一年中何でも食えるなんて不自然だ。旬でないものを希少価値があるからといって、高く買うからいかん。

全員　その通り！

飯尾　桜前線と同じように、スイカ前線というのがあって、ちゃんと決まった時期に日本列島を北上します。

杉山　季節ごとに効用もありますよね。夏の暑い時期に旬のキュウリを食べて体温を下げるとか。

広田　理にかなっていますよね。

飯尾　初物は珍しいけどおいしくない。だって、まだ未熟でしょ。うまみというのは、彼らが生きていくための滋養分でしょ。だから、おいしくて、安くて、栄養があるというのが旬のもの。人はそれを外して食べる。カキも一番おいしいのは、二月の大寒のころ。寒さに耐えるため、グリコーゲンという栄養をたっぷり身にまとうから。サンマも脂がのっておいしいのは当然秋――だって秋刀魚ってくらいでしょ――なのに、どちらもそれまでに食べ飽きてしまう。ほんとに、もう……って感じです。

萩原　サンマ前線の動向が、（気象予報士の）杉山さんに読めなくなるほどおかしくなってはい

7　杉山範子「CO_2、60%削減モデルを作っています」
広田奈津子「たれのない納豆、好評ですよ」

けません。

松原　クリスマスのイチゴのようなものには、やっぱり高い税金をかけないかん。ヨーロッパでペットボトルの飲み物が高くなるのと同じこと。そうやって、環境負荷の高いものを政策的に減らしていかないかん。名古屋がトップランナーとしてやれることをもっと探さねば。

萩原　名古屋は、世界のトップランナーになるんです。

杉山　世界中からみんなが名古屋の環境を見に来ます。フライブルクみたいに。

松原　「環境首都」という大きな看板を掲げると、市の事業がそこにぶら下がるようになる。環境にやさしい施策になっていきます。交通政策にしても、信号を少し工夫するだけで、ガソリンの消費量をぐんと減らせます。ハイブリッドや燃料電池で動くエコバスを走らせて、そいつが来るとぱっと青になるような優先信号にするとか、緩やかな誘導策を考えたい。

飯尾　やっぱり「食」を絡めていただきたいですね。欧州のような朝市をあちこちでやってほしい。COP10のPRもかねて。

広田　私も、賛成！

飯尾　わざわざ「食育」なんて言わなくたって、旬の野菜や魚を普通に買って、普通に食べることから始まる生物多様性への緩やかな誘導策。

広田　「いただきます」から始めよう！

松原　そういえば、今、豆腐屋を見かけないでしょう。スーパーでパックの中に閉じこめられて売っている。パックはごみになるのにね。
飯尾　子どものころには近所の豆腐屋にタイル張りの水槽があって、白い豆腐がそこで優雅に泳いでいました。
広田　お鍋持ってお使いに行ったんですよね。何だかのどかでいいですね。
松原　泳いどる豆腐はおいしそうに見えるのに、なかなか見つからんでしょ。
萩原　効率化が進むと一見便利にはなりますが、街の風景はだんだんつまらなくなっていく。
飯尾　巨大な発電所がある風景より、のんびり風車が回る風景の方がいいのにね。
松原　このあいだ、中部電力と話をしたときに、名古屋でいくら太陽光発電を進めても、必要量の2％しか賄えないと、力説する人がいた。原子力を一生懸命やっとる人。
飯尾　技術が進めば数字も変わっていきますよ。風力もちょっと前までは最大2％と言われていましたが、今では30％はいけるという。
杉山　ヨーロッパと比べると、日本は南にありますから、太陽光では断然有利なんですよ。
松原　碧南の火力発電をなんとかせんと。
杉山　それを天然ガスに変えるだけでも違います。
松原　なるほどね。

7　杉山範子「CO_2、60％削減モデルを作っています」
広田奈津子「たれのない納豆、好評ですよ」

杉山　市民がそれぞれライフスタイルを変えていくのも大切ですが。大口の需要を何とかするのも大切です。
松原　現代人の便利さと効率を追求し過ぎる姿勢もね。たとえば、あの、便座のふたが自動的に開くやつとか。
飯尾　最近では、モーツアルトの音楽まで流れ出す。
松原　あんなもの付けているのは日本ぐらいじゃないですか。ヨーロッパにありますか？
広田　海外から来た知人に、あごが外れるほどびっくりされました。知らない人は驚きますよ。いきなりふたが開いたら。
松原　それこそ精神革命を起こすよりしょうがないね。法律で規制するわけにはいかんから。
杉山　私は逆に日本人ってすごいと思っています。快適に暮らしたいという気持ちを形にするために、どんどん技術を発展させてきた。それは無理にやめなくても、動力を工夫して、エネルギーをCO_2が出ないものに変えられれば、問題はないと思います。
萩原　まったく、我慢しないというわけにもいかんでしょう。
杉山　そうですか？　いったん豊かな生活を始めてしまったら、急に「戻れ」と言われても——。
松原　それは、そうだ。
杉山　技術は技術で、可能性を広げていくのはいいと思う。

飯尾　技術もある程度、整理してコントロールしないといかんでしょう。このあいだ、竹内さん（後出）と意見が対立したんですが、小学校の教室に冷房なんていらんと思う。一番暑い時期には登校しなくてもいいように、夏休みがあるんだし。

広田　屋上緑化や壁面緑化で温度を下げればいい。

松原　私は、学校でやるのは、とくに小学校の低学年でやるのは、読み、書き、算数だけでいいと思う。授業は午前中だけ。午後はクーポン券をもらって、まちのエレクトーン教室や絵画教室、体操教室なんかを選んで通えばいい。音楽をやりたい人は音楽、水泳をやりたい人は水泳、学校のプールもクーポンで泳げるようにすればいい。

杉山　へえっー！

松原　名古屋には小中学校が三百九十ほどありますが、それをやると私の計算では二百八十ぐらいに減らせます。校舎、校庭が余るので、みんなで有効活用を考える。運動場は全部緑化してもいい。

萩原　いいかもしれないなあ。

飯尾　午前中だけでも四時間あるからね。ぼくにはほとんど限界だった。

松原　四時間あれば十分です。

飯尾　基本は、国語、算数、理科、社会の四時間で、土曜日はなごや環境大学（名古屋市など

7　杉山範子「CO_2、60%削減モデルを作っています」
広田奈津子「たれのない納豆、好評ですよ」

でつくる実行委員会が、二〇〇五年開講。「まちじゅうがキャンパス」を合言葉に環境講座を展開中）へ通うとか。

広田　バークレー（アメリカ）から来た友人とさっきまで一緒でしたが、小学校の授業に農業があって、子どもたちに（農薬や化学肥料を使わない）有機農業を実習させているそうです。

松原　農業を勉強したい人は、クーポンを持って農家へ行ってもらいます。役所がそれを現金と引き替えます。農家の経営にも寄与できる。

広田　生産者と交流もできますよね。

松原　そのうちに「おじさん、ぼく、百姓やりたい」という人が出てきて、「よし、やるか」ということにでもなれば、それもいい。

飯尾　二十一世紀の基幹産業ですからね。

松原　何もかも全部クーポンというのではいかん。だが、必要なことだけを徹底的にやります。だって、わたしに音楽をやらせたって無駄だったんだから。

広田　それはわかりませんよ。バークレーでは、授業に農業を取り入れてから、地元の農家のみなさんと子どもたちが、すごく仲良くなったといいます。現場に出ると、予期せぬ効果も生まれます。

杉山　農家の方もやりがいを覚えますね。

萩原　やりがいといえば、広田さんのブログミーツカンパニーが、企業や生産者にやりがいを与えているようですね。

◆消費者が望めば企業は変わる

広田が考案したブログミーツカンパニーは、ウェブサイト上で広くエコに関する提案を募る。たとえば「規格外の野菜を売ってほしい」とか、「宅配便を、何度も使えるリユース箱にできたらすごい」とか。

提案に対する賛成者が百人集まると、今度は企業や商店などに、その提案を実現してほしいと呼びかける。提案が実現されると、まずその百人に実現してくれた企業の製品を買ったり、サービスを使ったりしてくれるよう、やはりウェブ上やメールで呼びかける。つまりウェブ上の口コミによる応援だ。

提案実現の第一号は、納豆だった。発泡スチロール容器の使用や、たれやからしを小さなプラスチックの容器に小分けにして入れるのをやめてほしい――という納豆ファンからの要望がたくさん集まった。実現できるメーカーを募ったところ、茨城県日立市の菊水食品が名乗りを上げた。

7　杉山範子「CO_2、60％削減モデルを作っています」
広田奈津子「たれのない納豆、好評ですよ」

要望をいれて作った菊水食品の「エコ納豆」は、国産大豆100％、包装には間伐材の経木を使い、合成添加物は一切使わず、たれなどの付属品もなし。その名も「頑固一徹」という昔ながらの納豆だ。正しく作れば、たれなどなくても納豆は十分うまい。広田たちは、愛知県内の有機食品を扱う店で販売してもらったり、イベントなどでも紹介したりしながら、「頑固一徹」の普及に務めている。一般のスーパーなどにも働きかける。

エコをめぐってどうしても対立しがちだった市民運動と企業だが、企業の悪いところを糾弾するよりも、お互いに共感できる部分を身近なところで見つけ、インターネットを利用して、企業側の良いところを育てていこうと考えた。「ブログで企業と出会う」。鮮やかな発想の転換だ。

松原　おもしろそうだね。

広田　だれでも自由に書き込めるようになっていて、単なる思いつきや、奇抜なアイデアでもいいんです。たとえば「スポーツジムの走る機械を発電機にしたら面白い」とか。一消費者としての無責任な提案だけど、そこから何か新しい関係が生まれるかもしれない。企業も、消費者の応援があって初めて踏み出せる一歩があると思うんです。

飯尾　ものづくりの企業にとって一番の応援は、製品を買ってもらうこと。ここには一切対立がない。賛成と共感と応援、そしてそれらを育てようという意思だけで成り立っている。

松原　こういうことが、企業にとって商売になるんだ。商売になるとわかれば企業は動く。

このところ、急速に進んだレジ袋の有料化だが、かつてはスーパーなど量販店側の抵抗が強かった。それには、物を売る側の不安心理が働いている。うちだけが有料化をすると、うちの地域、まちだけが有料化に踏み切ると、お客はよそへ逃げてしまうのではないかという恐れである。

転機になったのは、二〇〇七年一月、京都市左京区のジャスコ東山二条店で始まった「京都方式」、あるいは「協定方式」だ。

イオンと市内八つの市民団体、それに京都市の三者が「マイバッグ持参促進・レジ袋削減協定」を結び、イオンが有料化に踏み切ること、市民はそれを応援すること、つまり、その店でものを購入すること、市は広報活動などを通じてバックアップすることを約束した。イオンにしてみれば、安心して有料化できる背景が整った。

動かない企業を責めるのではなく、動いた企業を応援しようという「協定方式」は、多くの自治体に採り入れられ、レジ袋の有料化は燎原の火のように広がった。

7　杉山範子「CO_2、60%削減モデルを作っています」
広田奈津子「たれのない納豆、好評ですよ」

広田　たれのない納豆、好評ですよ。
松原　たれなしで、どうやって食べるの？
広田　昔ながらの製法で丁寧に作られた納豆なら、しょうゆがあれば十分ですよ。食べた人にも好評です。
飯尾　彼女がやってることは、本当に新しい。二十一世紀型の市民運動です。ネット上のやりとりということもありますが。対立しない。対立しても結局何も生まれない。企業をやっつけたってしょうがない――という。
広田　書き込みをしてくれる人は、三、四ヶ月で千人ほどに広がりました。
飯尾　消費者は企業をコントロールできるんです。消費者が望めば企業は変わる。物を買うということは、その商品を支持するということ。投票と同じです。消費者がエコを望めば、企業はきっとエコになる。クリスマスのショートケーキに、イチゴをのせないでと消費者の多くが望めば、クリスマスケーキの色は変わります。
萩原　クリスマスケーキにイチゴをのせない。これを「名古屋ルール」と決めましょう。
松原　名古屋の掟。
萩原　名古屋のエコを、お二人（杉山、広田）に託します。

エピローグ　竹内恒夫「低炭素だから快適な社会」

竹内恒夫（たけうち　つねお）
一九五四年、愛知県生まれ。
名古屋大学大学院環境学研究科教授。
二〇〇六年三月まで、環境政策の現場（環境庁・環境省）において、地球温暖化、循環型社会づくりなどを中心に、二酸化炭素排出量、資源生産性などの国家目標づくり、エコアクション21・こどもエコクラブ・環境カウンセラーなどの政策手法の企画・導入、京都議定書の批准などに携わってきた。著書に『「環境と福祉」の統合―持続可能な福祉社会の実現に向けて』（共著）、『環境構造改革―ドイツの経験から』など。

「タータンチェックになるんです」。名古屋市環境局顧問の加藤正嗣が、口元に笑みを浮かべて、なぞめいたことを言う。

タータンチェックとは、スコットランド伝統の格子柄である。ギンガムチェックは白を基調にしたシックな二色だが、タータンチェックは黒、赤、緑、黄色やピンクなど、多色の縞が交差して鮮やかだ。それが、何か――。

加藤は、希代のコピーライターだ。とりわけ、環境局長を務めた二〇〇九年三月までの二年間、二〇五〇年を見据えた名古屋の環境長期戦略を練るなかで、平易だが心に残る名コピーを生み出した。

ごみやCO_2を減らすにしても、市街地の緑を増やすにしても、国や自治体がどんな立派なプランを立てようと、その「こころ」が国民、市民に届かなければ意味がない。

ごみ非常事態宣言以来、「環境首都」づくりの渦中にあって、加藤にはそれが身にしみた。「分別文化」も、加藤の「傑作」の一つである。

名古屋がめざす環境首都は、政府が掲げる「低炭素社会」に通じている。社会を作り替えるということは、そこに暮らす人々が、自らのライフスタイルを変えるということだ。近ごろはやりの「市民が主役」も、思えば、ごく当たり前のことではないか。

たとえば、「二〇五〇年戦略」――「水の環復活」(〇九年三月)、「低炭素都市」(同年秋予定)、

「生物多様性」（同年度中予定）の三戦略を、加藤は「長期戦略三兄弟」と呼んでいる――のベースになった「駅そばライフ」、「風水緑陰ライフ」や「ちょい乗りシステム」「タータンチェックシティー」といった傑作コピーの数々は、糸井重里の「おいしい生活」や、林真理子の「ルンルンを買っておうちに帰ろう」と同様に、「主人公」である市民に向けた新しいライフスタイルの提案なのだ。そして、これらが実は、環境首都に住む人だけが味わえる「おいしい生活」のミソなのである。

三兄弟の「長男」に位置づけられる「水の環復活2050なごや戦略」の中に、加藤はこう書いた。

「現在、市には2050年の都市像として定められたものはありません。しかし平成20（2008）年5月、地球温暖化への具体的な対策として『環境モデル都市』（政府選定、落選）の提案書を公表しましたので、これを参考にします」――。

●「駅そば」の生活圏再生…駅周辺へ住宅・利便施設を集約し、車に頼らなくてもよいまちをつくる。

●都心再生…都心は、充実した歩行空間を持つ、楽しく歩けるまちをつくる。

●脱ヒートアイランド…緑被率（まちがどれだけ緑に覆われているか）向上や、地下水・湧水等の環境利用などを行う。

●市民協働パワーによる「持続可能な生物資源利用」…市民活動の多様な地域間連携を、新しい地域共生圏「伊勢湾流域圏」づくりに発展させる。
●自然再生…高度な土地利用を駅そばに集約することで生まれる空間的余裕を、川沿いや緑地周辺にまとめ（空地整理）、駅そばの利便性と身近な自然の両方を徒歩圏内に確保する。
●地産地消（地元のものを地元で使うこと）エネルギー活用と共同利用…建築物や地下街などの超省エネ化、都市排熱や自然エネルギーなど地域で調達できるエネルギーを活用する。都心や駅そばを中心に、地域冷暖房のネットワークを進める。

長期戦略の出発点は、やはり地球温暖化対策だ。「世界の温室効果ガスを二〇五〇年に半減させる」というのが、国際社会の合意である。そのためには、先進国では80％から95％の削減が必要だとされている。化石燃料（石油など）使用量を今の五分の一に抑えなければならない。「化石燃料五分の一」達成のかぎを握るのが「駅そばライフ」と「風水緑陰ライフ」である。

「駅そばライフ」で、駅周辺に住宅や都市機能を集中し、「楽しく歩ける都心」をつくる。公共交通機関を見直し、カーシェアリング（自動車の共同利用）を進め、レンタサイクルの拠点（ちょい乗りシステム）を増やして、自動車に頼り過ぎないライフスタイルを確立する。

住宅などがコンパクトにまとまれば、ごみ焼却場などから発生する都市排熱を利用した地域冷暖房も普及させやすくなる。

駅そばに人が移ったあとで空き地になった「川そば・森そば・崖そば」は、再び緑に塗り替える。緑被率を高めるだけでなく、風の通り道をつくって都心を冷やし、脱ヒートアイランドもめざす。水と緑と風に囲まれ、車に頼らず、徒歩で買い物や時に散策を楽しみながら快適に暮らす。「風水緑陰ライフ」である。「駅そば」と「風水緑陰」は、つまり表裏一体なのだ。

「駅そば」という言葉は二〇〇四年、「なごや交通戦略」の中で初めて使われた。加藤はそのころ、総務局企画担当理事だった。「駅そば（駅勢力圏を中心とする生活圏）を、徒歩や公共交通で動きやすく、生活に便利でコンパクトなまちに誘導する」という考え方は、今もまったく変わっていない。だが、そのときは文字通り、交通戦略の域を出なかった。

従来、同じコンパクトシティーをめざすにしても、総務局は交通戦略、緑政土木局は緑化戦略、そして住宅都市局は住居戦略を、各自個別に抱え込み、目標を共有しかねていた。

そこへ環境局が、CO_2の削減という難題を投げかけた。その衝撃が縦割りの壁に亀裂を入れた。「環境」というものさしを当てたとき、それぞれの戦略が「未来の街づくり」という一枚の絵の中に落ち着いた。

川沿いに緑地が整備され、朝夕の散歩や買い物も歩いて気軽にできるまち、浄化、再生された都市河川と、それを縁取る緑、そして交差する地下鉄網を赤く塗って地図に落とすと、ちょうどタータンチェックのような二〇五〇年の都市模様が現れる。「タータンチェックシティー」である。

「環境首都も、二〇五〇年の未来図も、要するに、あんたの孫がどこに住むかを考えようってことですわ」と加藤は笑う。なぞ解きは簡潔明瞭だった。

さてさて、「なごや環境夜話」も、あと一話にて千秋楽――。

とき　二〇〇八年十一月十八日
ところ　志喜

◆「駅そば」で天然ガスによる熱供給

松原　竹内先生のブログを拝見しましたが、昭和三十年代のサツキとメイの家（宮崎駿監督のアニメ「となりのトトロ」の主人公たちの家、愛・地球博で再現された）の時代に戻るようなことをしなくても、社会構造を変えれば温暖化は防ぐことができると書いてありました。

竹内　いえいえ、そこまでは言っていません。滋賀県の嘉田さん（由紀子知事）なんかは「昭和三十年代に戻りましょう」と言っていますが。

松原　あの方は、そうですね。

竹内　名古屋市が提唱する「駅そばライフ」や「風水緑陰ライフ」も、まさに社会構造の変革ですよね。

萩原　社会構造を変えるということは、そこに住む人々が、暮らし方を変えること。

松原　正嗣（加藤顧問）がずっと主張してきたこと、あれはどうも竹内先生の言うことをパクって書いていたのかな。

萩原　というか、そういう時代なんですよ。

竹内　（市の提唱には）一つだけ大きな要素が抜けているように思います。熱なんです。駅そばで排熱を供給できれば、灯油やガスをぐんと減らせます。加藤さんにしてみれば、エネルギー政策は政府の仕事ということになるのでしょうが。

松原　排熱利用は、彼も重視しています。ごみの焼却工場を市内に分散配置して、排熱を地域冷暖房に引っ張ってこようというのは、おもしろい発想だと思いました。

竹内　ごみを燃やすだけでは、供給力が足りません。

飯尾　では、どうすれば？

竹内　「駅そば」で言えば、うちの林（良嗣教授）さんは、二十カ所ぐらいの「小集落」に集約すればいいんだと言っています。金山や大曽根、八事といった結節点（公共交通機関が連絡し合う場所）にだんだん人が集まるよう、行政が誘導すべきだと。

松原　集まってくる人々に対する優遇策が必要ですね。

竹内　そうですね。その「小集落」に出力五万キロワットから十万キロワットのコジェネ（熱電併給、電気と熱の同時供給）施設を分散配置すればいい。そんなに大きくないやつを。計算上、名古屋のCO_2はそれだけで10％減少します。そうしておいて、あの碧南火力発電所（一九九一年運転開始）が二〇三〇年には更新期を迎えるはずですから、あれをやめればいいんです。

松原　いいですね。新しいタイプの発電所になれば。

竹内　それで、石炭ではなく、天然ガスで発電すればいいんです。中部電力の新名古屋発電所で、百五十万キロワットの発電施設がまもなく新たに稼働します。現行の百五十万キロワットと合わせて三百万キロワットの供給力。でも、発電用タービンを回す熱はといえば、そのために必要な熱量の二倍もつくりだされていて、半分は排熱として捨てられます。もったいないことこの上ない。

松原　竹内先生の基本的な考え方はそれなんですね。遠くの方で石炭を焚いて、CO_2を大量に排出しながら、せっかくの熱が十分利用されていない。だとすれば、小さな発電所をあちこちにつくって地域に共有した方が、無駄はない。

飯尾　自治体は、エネルギー問題には直接手を出しにくい、どうすればいいのかな。

竹内　今は、研究の一環として、中電と東邦ガスを説得している最中です。たとえば、中電には、マクドナルドしゃないですが、ご一緒に熱も売ってはいかがですかと。東邦ガスには、ガスを個別に売るのをやめて、まちなかにつくる電力会社のコジェネ施設に、一括して売ったらどうですか、とか。そこで、ポイントになるのは、家庭や事業所に熱を伝える導管は、いったいだれがつくるのか。それが市です。行政の役割です。下水道管を上手に使えばいいんです。

松原　なるほどねえ、下水道管の直径は、どれくらい必要ですか？

竹内　上水道の本管はけっこうな太さですよね。下水道管はもっと太い。それなのに、ちょろちょろ流れているだけです。

松原　下水道管だと、直径百八十とか三百（センチ）とか、ふっといのがありますよね。

竹内　保温性もありますし。

萩原　市がやれますか？

竹内　やれますよ。道路特定財源を引っ張ってくればいい。上下水道は道路の下を流れているんだし。

松原　環境税も必要になってきませんか。

竹内　そろそろですね。

萩原　それ、毎年言っていませんか？

竹内　環境税も、ただの増税だとちょっと――。ヨーロッパのいくつかの国では、環境税を導入する代わり、事業主や個人が支払う年金保険料をおまけします。個人としても負担感が薄らぐし、企業には、人を雇う余裕が生まれます。ドイツとかイタリアとか、いろいろなところでやっています。増税だけの環境税は難しい。

松原　ドイツでは、ガソリン税の中に年金が入っています。

竹内　日本では国民年金保険料の未納が増えて問題になっていますが、ガソリン税や電気代に入れ込んでしまえば、取りっぱぐれはありません。

松原　先日テレビで見たんですが、フィンランドでは収入の六割を、税金や社会保障関係に支払っているそうですね。それでも、国民はニコニコしています。テレビに出ていた人だけかも知れませんが、「年金がちゃんともらえるからありがたい」と。

竹内　税金が正しく使われているからでしょう。いい政府か、悪い政府かということです。

松原　医療費もかからないと、言っていました。

飯尾　日本人は、税金の使い道に対して、中国産のギョウザ以上に不信感を持っているということです。

竹内　さて、そうやって「駅そば」での天然ガスによる熱供給を実現させると、それだけで二〇五〇年までに名古屋のCO_2を30％ほど減らせます。

松原　それだけで！

竹内　碧南火力を止める二〇三〇年以降のことですよ。余計な発電所をつくっても無駄ですから、あっちがなくなるころになったら、コジェネ施設をつくればいい。

◆マイナス80％の竹内的根拠

竹内の研究室では、二〇五〇年までに名古屋の温室効果ガス排出量を、一九九〇年比80％減らすという、おそらく世界で最も野心的な部類に入る構想を描き、実現への道を探っている。

飯尾　80％の根拠を教えてください。

竹内　科学的根拠ですか？

飯尾　いいえ、竹内的根拠。

竹内　科学的な根拠はないですよ。マイナスを積み上げていくだけです。とりあえず今のが一番大きくて、あれでマイナス30ですね。次に大きいのが家庭や業務施設で使っている家電製品。

飯尾　省エネ家電への買い換えですね。

竹内　買い換えるときに一番性能のいいやつにして、それがずっと続いていくと、名古屋では二〇二〇年に20％ちょっと減りますね。これで50。さらにコンパクトシティーが実現すると、移動の距離が少なくなるから自動車からの排出量を大幅に減らせます。ドイツのように、太陽光電池を使って家庭で発電した電力を電力会社が高値で買い取る制度ができれば、設置者も増え、初期投資のコストも下がって再び普及が進み、火力発電所からの排出量を減らせます。

松原　名古屋市内の学校の屋上を全部ソーラーパネルにすれば、どうでしょう。

二〇〇五年、日本は太陽光発電の累積導入量世界一の座をドイツに奪われた。その後、差は開く一方で、〇七年の導入量はドイツの半分になり、〇八年はスペインにも追い越されて三位になった。

日本の凋落は、二〇〇五年その年に、太陽光発電導入に対する国からの補助制度が打ち切られたことによる。太陽光発電システムの設置費は、現在、平均的な家庭で約二百五十万円かかる。具体的な政策が、現実の暮らしに影響を及ぼす典型例だ。

一方のドイツでは、一九九一年に固定価格買い取り制度（ＦＩＴ）を定めて、通常の売電価格よりも割高に、二十年間、しかも売りたい量を全量買い取ることを電力会社に義務づけた。

この結果、九九年にベンチャー企業として設立されたばかりのドイツの「Ｑセルズ」は、〇七年には日本のシャープを抜いて、生産量で世界のトップに躍り出た。政策が日独の明暗を分けたこと、政策次第で環境が経済や雇用の後押しになることなどが、この一事からも読み取れる。日独の総導入量の差は、二倍以上に広がった。スペインでもFITが効果を発揮した。

日本でも〇九年、政府が太陽光発電の導入規模を二〇年までに二十倍にすると宣言し、補助制度を復活させた。全国の小・中・高校のうち約三分の一に当たる一万二千校に、三年間で太陽光発電システムを集中的に設置する「スクール・ニューディール」も打ち出した。

FITの導入には気乗り薄だった経済産業省も、ようやく重い腰を上げた。一〇年度からは家庭や学校などの公共機関に設置した太陽光電池による発電量から、自家消費分を差し引いた余剰電力を、これまでの二倍に当たる一キロワット時約五十円で買い取ることを電力会社に義務づける。

ただし、依然一般の事業所などからの買い取りはせず、余剰電力に限るなど、欧州の制度に比べ、まだ中途半端な感じは否めない。

竹内　計算してみますと、名古屋市内の建物とか住宅とか高速道路とか、八百万キロワット分くらいの設置面積があるんです。そのうちまあ、二百万ほど設置できれば、さっきの発電システムと合わせて、市内の電力はまかなえます。

松原　先生がおっしゃるように、ごみの焼却工場も新南陽（港区）のような巨大なやつではなく、地域に小さいのをいくつかつくれば、ごみ収集車が動く距離も減る。
竹内　ごみについては、今度名古屋市は、容器包装以外のプラスチックは、直接焼却するのはやめて、新日鉄に持っていくことになりますね。
松原　そうですね。
竹内　新日鉄独自のコークス炉では、廃プラスチックを石炭の代わりにコークスの原料にすることが可能です。あまり多くはありませんが、CO_2も1%ぐらいは減らせます。プラスチックは当面これでよしとして、あと問題は生ごみですよね。生ごみは、メタンにするのがいいでしょう、どうやって回収するかが問題ですが。生ごみも焼却場にいかなくなれば、焼却場で燃やすものはなくなります。そういう効果で5、6%は減らせます。
松原　メタンガスを発生させて、発電ですか？
竹内　東邦ガスに買い取ってもらいます。去年の夏ぐらいから説得はしてるんですが、「質が悪いのは買えません」と言うばかりでした。それが今年の四月になったら急に、「資源エネルギー庁から買えと言われたので買います」だって。
松原　今のお話をうかがうと、加藤正嗣（当時環境局長）の考えとよく似ているような気がしますが、後ろで糸を引いていたのは先生ですか。
竹内　去年、ハイリゲンダム（ドイツ）でG8のサミットがあって、そこで二〇五〇年までに温室効果ガスを世界で半減（現状比）するよう検討することになりました。そのあと加藤局長と話しているときに、「名古屋でマイナス50はできますかねえ」ときかれたので、「じゃあ、試しに計算してみますか」と——。

飯尾　イギリスは80（％）と言い出しましたね。

竹内　今、名古屋でも計算上は80いけますよ。

　竹内研究室が今思い描く、名古屋CO_2削減の「ロードマップ（行程表）」。電気機器と自動車の市民によるトップランナー製品（その時点で最も省エネ性能がよいもの）への買い換え、産業用重油などから液化天然ガス（ＬＮＧ）や都市ガスに転換、コンパクトシティー化と地域への熱電併給、太陽光発電の普及……など、十三の施策を進めることで、二〇二〇年までに一九九〇年比マイナス15・3％、二〇五〇年までに72・8％の削減が可能。これに、「名チャリ」と「リユースステーション」の効果を加えると、80になるという。

「名チャリ」とは、放置自転車を無料貸し出し用の「共有自転車」として中心市街地に配備し、脱クルマによるCO_2の削減をめざす、竹内研究室の提案だ。二〇〇八年九月に試みられた二度目の社会実験では、名古屋市から提供された二百台を十カ所で貸し出し、九百人の利用者があった。

「リユースステーション」は、萩原の中部リサイクルが一九九一年から展開する目玉事業、「リサイクルステーション」の進化形で、これも竹内研のアイデアだ。リサイクルステーションが、リサイクルを前提とした民間の資源回収拠点であるのに対し、リユースステーションは、そのまま使える不要品の「持ち寄り」と「引き取り」の拠点になる。たとえば、陶磁器一つとっても、不要品を砕いて作り直す、つまりリサイクルするよりも、ほしい人がそのまま使えば、その分エネルギーがかからない。CO_2も排出しない。

〇八年十月から二カ月間、市内四十六カ所の既設のリサイクルステーションのうち、九カ所で実験的にやってみた。対象は、衣類、陶磁器、本、鍋・やかんの四品目。衣類、陶磁器を中心に計一万点あまりが集まった。利用者は延べ千百四十人だった。

〇九年六月から年内いっぱい、会場を二十カ所に広げて、二度目の実験を展開している。十月には、熱田区に常設のリユース専門ステーションが初めてできる予定だ。

◆低炭素だから快適な社会へ

松原　「低炭素でも快適な社会」という言葉、あれ先生の言葉ですよね。

竹内　いや、「でも」ではいけません。「だから」でなくちゃ。

松原　「低炭素だから快適な社会」、ですか。社会制度ももちろんですが、住民や消費者の頭の中が相当入れ替わらないと、80まではいかないでしょうね。だができないことはない。

萩原、飯尾　いけますか?

松原　私は非現実的な数字ではないと思いますよ。まあ、二〇五〇年には生きていないから、何を言ってもいいんだけれど。

竹内　根拠を細かく示そうとすると、時間がかかってしょうがない。手遅れになってしまう。今、政府は二〇二〇年までに一九九〇年比で温室効果ガスをどれだけ減らすかという中期目標をつくろうとしていますが、なかなか進んでいきません。まず五〇年までの長期目標をつくって、そこから二〇年を切り出していかないと。

松原　中期目標、なんだかちんけなものになりそうですね。

竹内　これはだめ、あれもだめ、つまり何もできなくなるでしょう。

松原の「予言」は当たった。〇九年六月、麻生太郎首相は自ら、日本の中期目標を発表した。一九九〇年比では、それまでに省エネが進んだ日本の産業界に不利になるからと、削減の基準年をあえて繰り下げ「〇五年比で15%(九〇年比8%)」という数値になった。

国連気候変動に関する政府間パネル(IPCC)の科学者は、温暖化の多大な被害を避けるためには「先進国全体で一九九〇年比25%－40%」とのシナリオを示している。日本政府が示した数値はその下限にもほど遠く、「野心的な数値」を期待した国際社会から、ブーイングを浴びた。

飯尾　ここでは、大ボラを吹きたいですね。

萩原　「やれる」というだけでは無責任、だれが「やる」かを言わないと。

竹内　電力会社やガス会社が、その方がもうかるから「やる」という方向に誘導しましょうよ。

一九九七年十一月、気候変動枠組条約第三回締約国会議（COP3）が京都で開かれる直前に、名古屋では国際環境自治体協議会（ICLEI）の第四回気候変動世界自治体サミットが開かれた。「地球温暖化」という言葉が、一般にはまだほとんど知られていなかったころのことである。市長の松原はそれに向け、「二〇一〇年までに一九九〇年比で10%」削減という目標を打ち出した。京都議定書で日本に課された目標を4%上回る。

名古屋市とともにサミットを主催した愛知県は「実効性のない数値では意味がない。国の方針を待って検討する」と、「正論」を述べていた。「実効性がない数値では意味がない」。温暖化対策をめぐる国際会議では、今やすっかり聞き慣れたフレーズだ。

松原は、10％の根拠について「細かく計算したわけではない。目標を定めれば、事業者も市民もきっとやってくれるという期待値が入っている」と説明した。

ごみ減量のときもそうだった。新聞記者とのインタビューの席上で、「二十五万トンぐらい減るんじゃないか」と突然言いだし、事務方を大あわてさせた。市内外の世評では、十万トン減らすのさえも「とんでもない」と言われていたころのことである。

一生懸命訴えれば、企業や市民も動いてくれる、それが名古屋だ――萩原が親しみをこめて「軽はずみ」と呼ぶ松原のその個性が、確かに名古屋を動かした。

萩原　こんどの本（本書）で、おれたちが「やる」と言わねばまずいと思う。

松原　だとすればチーム名も「マイナス10」では、ちと弱い。やっぱり「マイナス80」か。

飯尾　80は「マルハチ（名古屋の市章）」に通じるし、それに末広がりだし、今度の本は「マイナス80に改名か」で結びましょう。

一同　ええねえ！

あとがきに代えて

萩原　この間のラクイラ（イタリア）サミットで、Ｇ８（先進八カ国）は、二〇五〇年までに温室効果ガスを80％減らすことで合意したでしょう。「チームマイナス10％」も、進化というか、改名が必要なんではないかと、少し考えました。60とか80とか、数値目標のインフレに連動すべきかと。でも、この名はやっぱり、削減数値目標から出たものではあるけれど、数値目標そのものではありません。

飯尾　ＩＣＬＥＩ（エピローグ参照）ですよね。

萩原　そうなんです。あのとき、名古屋市は、というか、ぴかぴかの一年生だった松原市長が、京都会議（ＣＯＰ３）に向けて、独自の数値目標を提案しました。それがマイナス10％（一九九〇年比二〇一〇年までに）。松原さんが、空気を読み、直感的に目標を置く。松原さんらしさの象徴、それが同時に環境首都を本気でめざす名古屋らしさの象徴だったと思うんです。

松原　少しこそばゆいですね。

飯尾　ぼくも京都会議は取材しましたが、当時日本政府はせいぜいマイナス１％ぐらいのことを考えていたわけでしょ。ＩＣＬＥＩを代表して、松原さんが京都会議の会場でそれを発表したとき、聴衆の反応は本当に冷ややかなものでした。というか、聴衆はまばらで、あまり聞く人がいなかった。

松原　一自治体に、そんなことできるもんかという雰囲気が、こちらにも伝わって来ましたね。そうすると、こちらとしても、名古屋ならできる、やってやるという気持ちになる。

飯尾　ごみ非常事態宣言もそうでした。名古屋にそんなことできるかという反応が、他の大都市からひしひしと。

萩原　そう、われらが愛すべき「軽はずみ」。

飯尾　学説を展開するわけではないですからね、「温暖化はあるかないか」の不毛な論争ではないですが、結論を待っていたら手遅れになってしまう。政治家、というより現場の行政はどこかでそれを飛び越えないと。私たちには「できる」という、道筋を示して見せないと。

萩原　同感です。松原さんがＣＯＰ３で示した10％は、理論的なものではなくて、「10％に挑戦するぞ」という勢いを表現した数字、松原さんらしい数字だと思っています。

飯尾　萩原さんらしい数字でもありますね。10％を軸に、大名古屋の行政とＮＰＯが志で深く結びついた。志、あるいは「つながり」を象徴する数字でもあったのですね。

萩原　ぼくは、この「夜話」を通じて、あらためて人の「つながり」の大切さを実感できました。この三人のつながりも、ごみ非常事態宣言がなければなかったんでしょうね。ぼくにとってごみ減量も、目的ではなく手段です。目的は、自分たちのまちを自分たちで担う人づくり。まさにまちづくりの道具です。非常事態宣言は、そのための大きなチャンスだと自分に言い聞かせてやってきました。そうするうちに、あちこちに点在していた人々、つまり人材がつながってきたことを実感できるようになりました。すごいところですよ、名古屋というまちは。

飯尾　われわれもそうですね。

萩原　そうなんです。炉端にさまざまなゲストをお呼びして、これがなければ一生出会わなかったような人たちが、それぞれにすごい人だと実感できた。その人たちとつながることがうれしくなった。そうすることで、われわれ三人のつながりの意味も鮮明になってきた。

松原　人と人とのつながりって、ほんとに不思議ですよね。藤前がもめていたころは、辻さんなんてはっきり言って「敵」だった。それが今では昨日の敵は今日の友。杉山さんはともかく、広田さんとは、これがなければおそらく出会わなかった。あの世代のすごさを知らずに過ごすところでしたよ。アイデアがあるだけでなく、ものおじせずに、すぐに実行に移せるタイプ、それがすごい。これからもずっと仲間でいてほしい人たちです。

萩原　ごみ非常事態宣言の前までは、行政のトップと市民団体のリーダーでしょう。当時は水と油のような色合いが強く、お互いがお互いをフィルター越しに見ていた感がありました。今回の対話を通して、松原という市長とつき合ってきたというよりは、いつの間にか、市長の松原さん、市長だった松原さんとつき合っているという感じになってきた。立場も感性もずいぶん違うし、最初は仲間という感じではなかったんだけれど、松原さんという人物像がずいぶん鮮明になってきた。

飯尾　言葉では表しにくい部分ですよね。

萩原　この十年、ずっと役所と組んでやって来て、その世代がこの春定年退職で、松原さんと一緒にすこんと抜けてしまいました。組織ではなく人とつき合ってきたので、よけいに変化を感じています。松原さんは、これから何を?

松原　ひと言でいうと「梁山泊（十五世紀、明代の中国の小説『水滸伝』の舞台。ここに集った百八人のアウトローが、悪政を敷く権力と戦い、国を救う）」をつくりたい。「環境梁山泊」ですね。多様な人、多様な運動が集う場所。具体的には、その人たちを講師にして、五十人限定ぐらいの小さな講座を開きたい。人材を育てるのではなく、人材を育てる人を育てたい。

四年前に始まった「エコライフ宣言」（主に温暖化防止の観点から、市民に環境に優しい暮らしを始める宣言をしてもらう）も、四十万人ぐらいのところで頭打ちですが、宣言をしてもらって、それでおしまいでは、広がりもつながりも生まれません。たとえば五人の宣言者が五人ずつ新たな宣言者を増やしてくれるような流れをつくることが大切だと思います。人材と運動を再生産する仕組みづくりをめざしたいと思っています。

飯尾　連鎖反応ですね。いつも萩原さんと話していますが、まず、問題を可視化、見える化しなければなりません。ごみにせよ、CO_2にせよ、目には見えないものですから。対処しようにも、そのきっかけをなかなかつかめません。それを見えるようにするのが、メディアや市民運動の役目です。目に見えれば、人は動き始めます。目の前に危機が迫っていることがわかれば、逃げるか、あるいは立ち向かうかしかないからです。これが「行動の喚起」です。だれかが行動を始めると、ちょっとしたきっかけで、それが連鎖し始めます。そのちょっとしたきっかけをつくるのも、われわれの役割だと思います。「自発性の連鎖」です。可視化から行動の喚起、そして自発性の連鎖という流れができれば、このまち、というか、どんなまちでも、地域でも「環境首都」になりうるということを、ごみ非常事態宣言以降の出来事から学ばせていただきました。「梁山泊」も、きっかけづくりの場所なんですね。

松原　そうなんですよ。ハギさんがよく言いますよね。消費者の数%が、ものの買い方を変えれば、お店が変わると。それを実践しようとしているのが、広田さんのブログミーツカンパニー。あれは極めて印象的でした。受け身ではなく、話を聞きに来る人だけでなく、行動を起こしてくれる人をつくらないかん。名古屋（「名古屋市役所」ではなく「名古屋」、つまり街ぐるみ）が変われば、世界は変わる！

役所の外に出て初めてわかったことの一つは、官が、自由に動こうとする民をいかに制約しているかということ。五円、八円の補助金をもらおうとすると、いかに自由が制約されるかということです。受け身の姿勢では、限界があるということです。

萩原　二百万都市の市長をやっていた人が、一人の市民に戻り、一から市民活動を始めるってのも、なかなかかっこいいかも。ただ、行政のトップが、うまく「馬の骨」に変身できるかが心配です。十二年も「お付き」がいる状態だったから、地下鉄にも一人で乗れないわけでしょ。しばらくは「平民」になるためのリハビリが必要かも。

しかも、ＮＰＯは個人商店だから、みんな言いたいことしか言わないし、なかなか物事が決まらない。役所の決済さえ新幹線並みに思えるほど。このスピード感の違いについていくのは大変ですよ。とはいえ、これまでだれもやったことがないことだけれど、前職の強みをＮＰＯ活動に活かせたら、新しいスタイルをつくることができて、この業界も変わるかも。新しい社会を創るには新しいフォーメーション、新しい「どんぶり」が必要だから。

松原　市民活動の大先達として、ハギさん、よろしくご指導願いますよ。いずれにしても、チームマイナス10には、「梁山泊」の核の核になっていただきたい。

萩原　これからどんな活動になるのかわからないけれど、基本は「つながり」と「誇り」を持った人づくりかな。この街に住むこと、この街で生きていくことの誇りにかけて主体的に活動できる人のつながり。非常事態宣言で起きたような、三人のそれぞれ異なるネットワークのつなげ方、異分野の人たちの多様なスタイルを尊重しつつ、それをつなげていくノウハウを、文字どおり若い世代につなげていけたら、名古屋の街づくりはまったく変わると確信します。

飯尾　さて、そろそろ締めくくらねばなりません。それにしても、二年間よく続いたな、そして本当に一冊の本にできるのかなという感じです。

松原　あとは頼んだよ、飯尾さん。

萩原　飲みながら語り合うってのはおもしろかったな。会議ではなく、「寄り合い」の感覚で。みんな好き放題に絡むし、脈絡もなくスパークする。ゲストはもちろん、名古屋市トップの本音や心中をかいま見て、その重さも実感できた。地域というか、ステークホルダー（利害関係者）というか、財界やNPOや一般市民の声、さらに国や世界経済の動きにも気を配りながら、先の見えない世界で判断を重ねてきたんだと。他の人にはないその経験を、松原さんが、これから環境首都づくりをめざす人づくりにどう役立てていくか、われわれがそこにどう絡むか、わくわくします。

飯尾　では、もう一度、締めの乾杯といきますか。

チームマイナス10%

松原武久（まつばら　たけひさ）

一九三七年生まれ。教育委員会教育長から一九九七年四月に名古屋市長に初当選。二〇〇九年四月までの三期を務める。就任直後から藤前干潟の埋立て問題に直面。一九九九年一月には埋立てを断念し、市民と協働してゴミ減量に積極的に取り組む。

共編著に『現代っ子小学生―家庭教育の基本―』『21世紀をのりきる子ども』（第一法規出版）。著書に『一周おくれのトップランナー―名古屋市民のごみ革命―』（ＫＴＣ中央出版）、『なごや環境首都宣言～トップランナーは、いま～』（ゆいぽおと）。

萩原喜之（はぎわら　よしゆき）

一九五三年生まれ。食える市民運動をめざし、一九八〇年に中部リサイクル運動設立。地域と当事者意識にこだわり、名古屋市のごみ非常事態宣言のときには、自分たちだけでもやりきると、独自の宣言と事業計画をつくり行動した。

飯尾歩（いいお　あゆみ）

一九六〇年生まれ。一九八五年中日新聞社入社。岐阜総局などを経て一九九二年より名古屋本社へ。生活部生活経済班で農政や環境、主にごみ問題などを担当した後、二〇〇二年から論説委員。主に環境と農業を担当。

なごや環境夜話
―「これならできる」を見つけよう―

2009年9月28日　初版第1刷　発行

編著者　チームマイナス10%
＝松原武久＋萩原喜之＋飯尾歩

発行者　ゆいぽおと
〒461-0001
名古屋市東区泉一丁目15-23
電話　052（955）8046
ファックス　052（955）8047

発売元　KTC中央出版
〒111-0051
東京都台東区蔵前二丁目14-14

印刷・製本　モリモト印刷株式会社

内容に関するお問い合わせ、ご注文などは、すべて
右記ゆいぽおとまでお願いします。
乱丁、落丁本はお取り替えいたします。

ISBN978-4-87758-426-9 C0095

環境についての本

ISBN4-87758-406-4

なごや環境首都宣言
トップランナーは、いま

松原武久

ごみ減量に成功した名古屋が次に挑戦するのは、もちろんCO_2削減。切羽詰まったごみ減量で「分別文化」と「協働文化」が育ち、愛・地球博で二十一世紀が環境の世紀と意識づけられました。そして、愛・地球博閉幕後わずか半年で、名古屋市民の二十万人以上がエコライフ宣言をしました。次々と打ち出されるCO_2削減のための秘策を紹介。

仕様：四六判　上製　本文272ページ

ゆいぽおとでは、
ふつうの人が暮らしのなかで、
少し立ち止まって考えてみたくなることを大切にします。
テーマとなるのは、たとえば、いのち、自然、こども、歴史など。
長く読み継いでいってほしいこと、
いま残さなければ時代の谷間に消えていってしまうことを、
本というかたちをとおして読者に伝えていきます。